ロボット用触覚センサの設計法-実用ロボット・VR・触覚ディスプレイ開発へ向けて-
大岡昌博　科学情報出版株式会社　2020

著者简介

大冈昌博

名古屋大学信息学部大学院信息学研究科教授。

1986年名古屋大学研究生院工学研究科机械工学专业博士毕业，获工学博士，（株）富士电机综合研究所研究员；1992年名古屋大学工学部讲师；1993年静冈理工科大学助教授；2004年名古屋大学信息科学研究科助教授；2009年名古屋大学研究生院信息科学研究科教授；2018年因机构改组而变更所属名至今。

擅长领域为机器人搭载触觉传感器、触觉显示器、人类触觉认知装置。近年来尤其专注于触觉的错觉现象，致力于研究其原理及触觉显示器开发应用。

所属学会：日本机械学会、日本机器人学会、测量自动控制学会、电气学会、美国电气电子学会（IEEE）。

机器人触觉传感器设计

面向实用型机器人·VR·触觉显示器开发

〔日〕大冈昌博　著

蒋　萌　译

科学出版社

北　京

图字：01-2022-3236号

内 容 简 介

　　本书对触觉传感器和触觉显示器的设计进行阐述，内容包括触觉传感器和触觉显示器设计中的基础知识、机器人三轴触觉传感器设计、VR触觉显示器设计，以及触觉传感器和触觉显示器应用实例等。本书内容是笔者多年的研究成果，结合以往的经验，指出触觉传感器和触觉显示器的最终研究方向。

　　本书适合开发和应用触觉传感器与触觉显示器的科研工作者、技术人员阅读，也可作为相关专业师生的参考用书。

图书在版编目（CIP）数据

机器人触觉传感器设计/(日)大冈昌博著；蒋萌译.—北京：科学出版社，2023.1

　　ISBN　978-7-03-073417-4

　　Ⅰ.①机…　Ⅱ.①大…　②蒋…　Ⅲ.机器人触觉—触觉传感器
Ⅳ.①TP242.6

　　中国版本图书馆CIP数据核字（2022）第189985号

责任编辑：杨　凯/责任制作：魏　谨
责任印制：师艳茹/封面设计：张　凌
北京东方科龙图文有限公司　制作
http：//www.okbook.com.cn

斜 学 出 版 社 出版
北京东黄城根北街16号
邮政编码：100717
http://www.sciencep.com
天津市新科印刷有限公司　印刷
科学出版社发行各地新华书店经销

*

2023年1月第 一 版　　　开本：787×1092　1/16
2023年1月第一次印刷　　　印张：10 1/2
字数：199 000

定价：58.00元
（如有印装质量问题，我社负责调换）

序

　　本书写给致力于开发与应用触觉传感器和触觉显示器的科研工作者、技术人员、教师及学生。如文中所述，触觉传感器和触觉显示器设计妙趣无穷。本书从整体上介绍了笔者开发的触觉传感器和触觉显示器，希望读者能从本书中获得新型设备的设计灵感。

　　1986年，笔者所在的（株）富士电机综合研究所担任通产省工业技术院推进的国家级大型项目"极限作业机器人"中的"三轴触觉传感器开发"任务，其中，笔者负责研发以半导体工艺单晶硅为结构材料的三轴触觉传感器。本书将介绍部分当时的研发成果。在此，笔者对（株）富士电机综合研究所的米泽朗所长、（株）富士电机制造技术研究所的鹭泽忍所长、筱仓恒树研究员、小林光男主任研究员等各位的悉心指导表示衷心的感谢。

　　其后，笔者有幸成为大学教师，着眼于光波导型三轴触觉传感器的研发，具体设计方法请参考书中内容。虽然开发速度无法像民营企业那般迅速，但每年都有进展。

　　笔者就读于静冈理工科大学时，在以人类触觉研究闻名的宫冈徹老师的指导下学习了心理物理学，不仅学习了机器人的触觉，还积累了人类触觉的相关知识和经验。如果没有宫冈徹老师的教诲，也就没有笔者今天的触觉显示器研究，笔者在此深表感谢。离开静冈理工科大学之后，笔者就职于名古屋大学，继续研发触觉传感器和触觉显示器。感谢工学研究科的三矢保永老师和福泽健二老师的研究团队在研究过程中对笔者的协助。

　　本书的内容以笔者在静冈理工科大学和名古屋大学时的研究成果为主。由衷感谢当时各位本科生、研究生和博士生向笔者提供的帮助。在本书出版之际，笔者衷心感谢科学情报出版社的各位工作人员的大力协助。

大冈昌博

目　录

第1章

绪 论

人有五种感觉器官：视觉、听觉、触觉、嗅觉和味觉。对它们的充分运用使我们得以了解情况、工作、享受艺术、运动健体、欣赏四季之美。缺少任何一种感觉器官都会出现问题。机器人也是如此，只有具备多种感觉器官，才能更加适应环境的变化，扩大作业范围。

触摸VR中呈现的虚拟物体的"触觉显示器"的研发在当下如火如荼。人类生来善于通过上述多种感觉来认知事物，触觉显示器技术从根本上说恰恰源自这一本质。也就是说，人类并不满足于视觉效果，在眼看的同时也想要手摸。

机器人和VR设备联网，人们在世界任何地方都能实现信息共享的IoT（international of things）时代已经来临。如果将世界简化为机器人机电系统、计算机网络和人三者之间的关系，则从系统角度看，触觉传感器和触觉显示器分别是系统中的输入和输出设备；从人的角度看，二者分别是输出和输入设备。因此在IoT社会中，触觉传感器和触觉显示器都是关键组成要素。触觉传感器和触觉显示器不仅对机器人工程和VR技术至关重要，对IoT社会也极为关键，本书将基于笔者的经验，对它的设计及应用进行总结。

如今，人们提出了各种触觉传感器和触觉显示器原理，可谓百花齐放。这一点与监控设备形成鲜明对比，公寓用的监控设备的摄像原理大多集中在CCD（charge coupled device）和CMOS（complementary oxide semiconductor）图像传感器上。原理众多，恰恰说明研发并非一帆风顺。尤其是触觉传感器，在1980年最早的Harmon的调查中已出现了多种方案，40年过去了，如今的触觉传感器仍然不像CCD或CMOS相机那样有公认的范式原理。希望读者们能从本书中得到启发，提出新的方案。触觉传感器和触觉显示器的设计难在需要考虑到物体接触和心理效果两方面因素，比设计单纯的电子设备更有成就感，希望读者们勇于尝试。

开发过程中有时需要半导体制造工序原理，但也有许多相对廉价、可以在研究室中简单实行的原理。初期投资低，可在模拟、试做、实装实验、应用实验等各个阶段发表论文，因此触觉传感器和触觉显示器原理十分适合作为大学相关人员的研究课题。

本书对触觉传感器和触觉显示器的设计进行了阐述。这二者看似大有不同，但正如前文所述，本书将触觉比作输入或输出，因此触觉传感器和触觉显示器是彼此相对的。也许在将来，人们会开发出既可作为触觉传感器，又可作为触觉显示器使用的设备。也就是说，触觉传感器和触觉显示器缺一不可，不能单独讨论。

两种设备都需要接触对象，涉及心理效果和信息处理，因此设计方法和评价方式与其他机器人设备截然不同。如果读者能够通过本书了解二者独有的特征，那么本书也应该能以其他方式对各位的研究开发工作有所帮助。

第 2 章，总结触觉传感器和触觉显示器设计中的基础知识。在设计过程中，一定要考虑到信息处理和心理效果，所以本章将介绍人类的触觉研究成果。在此基础上简单介绍以往的设计案例，方便读者了解曾经出现过的触觉传感器和触觉显示器设计。

第 3 章，介绍光波导型触觉传感器的设计方法。光波导型触觉传感器形式多样，本章将分别介绍各种形式的原理和设计方案。橡胶触头是触觉传感器的敏感元件，其硬度和形状决定了触觉传感器的性能，在讲解触头的设计方法之后，本章还将介绍怎样根据物体与传感器接触后产生的图像数据计算出触觉数据。同时还会详细介绍图像处理的具体步骤。不仅如此，本章还将讲解制作触觉传感器后对其性能的评价方式。由于评价方式没有统一的规则，本章将从装置的设计说起。最后，本章将通过实例来讲解触觉传感器成品的输出特性。

第 4 章，专门介绍采用双压电晶片型压电致动器阵列的触觉显示器。笔者等人正在通过改造在售的点显器或点阵显示屏来制作触觉显示器，虽然无法从零开始介绍设计方法，但会尽可能介绍设计过程中所需的信息。在讲解产生反作用力的控制器设计时，甚至会涉及控制直流电机的转矩以生成反作用力的原理。同时从电路设计到软件设计介绍压电致动器的控制方法。最后介绍笔者等人设计制作的设备实例。

第 5 章，介绍触觉传感器和触觉显示器应用实例。在触觉传感器部分，先介绍机器人首次成功搭载触觉传感器的操纵控制实例；接下来在触觉显示器部分，将介绍触觉显示器展现出明显优势的虚拟空间内插销入孔和虚拟纹理呈现等。通过实例介绍充分利用错觉现象使原本只能呈现凹凸感的屏幕装置呈现出截然相反的平滑感。同时，从传感器和致动器系统的角度对触觉传感器和触觉显示器的应用方式提出建议，介绍各种感觉呈现的理论基础——格式塔（Gestalt）及其应用方式。最后介绍用于综合表现机器人和人类触觉的触谱。

最后，笔者根据以往的经验，再次对触觉传感器和触觉显示器进行整体讲解，并指出便捷和安心才是触觉传感器和触觉显示器最终的研发方向。

第2章
设计基础

2.1 触觉的原理及触觉传感器和触觉显示器

2.1.1 触觉的原理

人的触觉原理对于触觉传感器的结构和功能的设计至关重要，它也能向触觉显示器设计提供珍贵的信息，帮助设计者决定应该施加什么程度的皮肤刺激。

皮肤结构分为表皮、真皮和皮下组织三层，如图2.1所示[1]。触觉的控制器官叫作机械感受器，位于靠近真皮的皮下组织。感受器获得的信号通过神经传递到中枢神经，分别在脊髓和下丘脑通过突触联系进行信号传递，最后投射在大脑的中央后回[2]。在评价机械感受器的特性时，无法回避神经的作用，所以机械感受器和神经被称为机械感受器单位[3]。根据感受范围的边界清晰度和对刺激的反应方式，机械感受器单位分为四种：慢适应I型（slowly adaptive type I，SA I）、慢适应II型（slowly adaptive type II，SA II）、快适应I型（fast adaptive type I，FA I）和快适应II型（fast adaptive type II，FA II）[3]。SA和FA指的是适应（习惯刺激）速度的快慢。I型和II型分别对应清晰的感受范围边界和不清晰的感受范围边界。

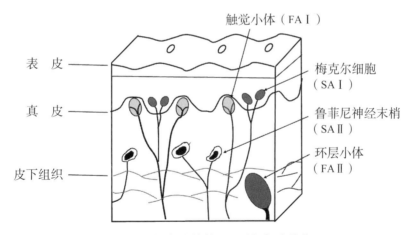

图2.1 皮肤的结构和机械感受单位

皮肤需要足够柔软才能细致地感受凹凸程度，但如果过于柔软，机器人又无法稳稳握住工具。同时表皮也需要有一定的硬度，以防被拉破。真皮要有一定的柔软度才能贴合对象物体表面。最下面的皮下组织中含有胶原蛋白纤维，打造结实的结构，能够防止外力过大时皮肤下面的组织与皮肤分离。前野等人通过新鲜尸体手指测量了三层皮肤结构的杨氏模量（表2.1）[4]。其中泊松比是便于计算的假设值。如表2.1所示，表皮、真皮和皮下组织的杨氏模量依次降低，证明上述讨论正确。为了保护元件，触觉传感器多设计为用皮肤胶质覆盖表面[5]，因此上述事实极有参考价值。

表 2.1　皮肤的弹性系数

皮肤部位	杨氏模量 / MPa	泊松比
表　皮	0.136	0.48
真　皮	0.08	0.48
皮下组织	0.034	0.48

众所周知，上述机械感受单位SAⅠ、SAⅡ、FAⅠ和FAⅡ的感受器分别是梅克尔细胞、鲁菲尼神经末梢、触觉小体和环层小体[3]。

感受器的特性是通过微神经电图法获得的，这种方法用细小的钨针直接刺入神经，研究皮肤受到的刺激与传递到神经的信号之间的关系，如图2.2所示。

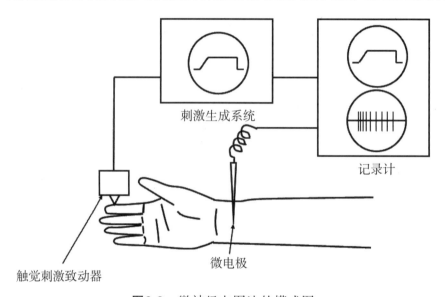

刺激生成系统

记录计

触觉刺激致动器

微电极

图2.2　微神经电图法的模式图

由此得到的四种机械感受单位的时间响应特性如图2.3所示。图2.3最下面的部分展示了刺激的变化，刺激从0秒开始匀速增大，然后维持一定的刺激程度，5秒后突然归0。上面的四个图像依次代表FAⅠ、FAⅡ、SAⅠ和SAⅡ。脉冲序列表示上述微电极测量的机械感受单位的活动情况，可见脉冲序列的间距越小，活动越剧烈。

首先，SAⅠ的梅克尔细胞存在于表皮和真皮的交界处。如图2.3所示，时间不变的情况下，它对持续刺激和变化性刺激都有反应。梅克尔细胞也用于感知点字状的细微凹凸。

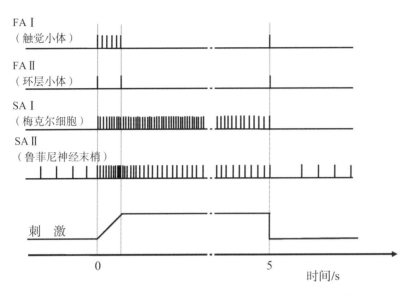

图2.3 四种机械感受单位的时间响应特性（改编自参考文献［3］的插图）

接下来是SAⅡ的鲁菲尼神经末梢，我们对它的了解还远远不够，但这种感受器的外观类似于感受肌肉拉伸的肌梭，所以它能感受皮肤的牵张。例如，当握住棒子的手想要转动棒子时，它能够感知转矩信息。

FAⅠ的触觉小体只能感受刺激的速度变化，如图2.3所示。它用于手指摩擦表面来感受粗糙程度时感知振动刺激。

FAⅡ的环层小体的体积在四种机械感受器中最大，最易于观察，所以这种机械感受器的研究进展最快。从图2.3中可以看出，它能感受刺激的变化速度，无法感受匀速和稳定值，所以只能感受加速度刺激。

图2.4展示了机械感受单位的频率特性调查结果[6]。机械感受单位能够感受的最小正弦波振动刺激的振幅用dB表示。图2.4中，纵轴dB后面写有"re.1μm"。"re."是reference（参考）的缩写，"re.1μm"表示参照1μm的基准0dB。要将振动的振幅转换为dB，首先要将振幅单位转换为μm，取其结果的常用对数，再乘以20。

图中，如果振幅在曲线上方，则表示能够感受振动。所以曲线值叫作阈值（意为临界值）。从图2.3中可知，四种感受单位中，SAⅠ在几Hz的低频下阈值最低。100Hz以下的中间振动范围中FAⅠ阈值最低，100Hz以上范围中FAⅡ阈值最低。

频率总范围中FAⅡ的灵敏度最高，在270Hz附近极高。负值dB表示它也能够感知此频率下1μm以下振幅的振动。

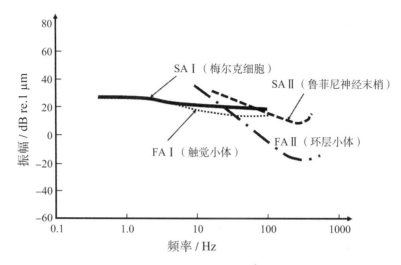

图2.4　四种机械感受单位的频率特性（改编自参考文献［6］的插图）

除此之外，皮肤中还含有感受疼痛和温度的游离神经末梢，毛发部分含有作用在毛发上的感受刺激的毛囊感受器。综上所述，皮肤通过内含的各种感受器的兴奋程度获得触摸对象的材质感和湿度等信息。

如上文所述，人的皮肤中含有多种频率特性各异的机械感受器，能够探测1Hz以下的低频到500Hz以上的高频之间的大范围频率振动。图2.4虽然无法展示全貌，但机械感受器的阈值在接近1000Hz时急剧上升。因此，为了打造相当于人类触觉的触觉传感器，就要以1000Hz频带为目标。而且上述讨论告诉我们，皮肤中还有机械感受器以外的各种感知器官，这些信息也值得我们充分利用。这样的综合信息不仅有助于我们设计触觉传感器的硬件，也能帮助我们开发传感器融合技术软件。

2.1.2　机器人触觉传感器的功能

Harmon对从事机器人制作和研究的研发人员进行了问卷调查，以了解人们对机器人触觉传感器功能上的需求［7］。结果表明，不仅运输、分选、检查、研磨等传统产业需要触觉传感器，农业和外科手术等非产业领域也同样需要触觉传感器。要满足上述需求，触觉传感器需要具备约2mm的分辨率、10ms的响应时间，约1000的动态范围等配置，如表2.2所示。这份调查问卷至今尚未更新，所以机器人的研发人员仍旧以表2.2作为触觉传感器的标杆［8，9］。

Harmon的调查已经过去40年了，表2.2的配置能够满足当下的需求吗？近年来，人型机器人的发展开始觉醒，仿真机器手也越来越精密，但是尚无法像人手那样进行同样的作业。原因之一是以往的触觉传感器只能探测压力，还无法探测

表 2.2　触觉传感器的必要特性

项　目	内　容
传感面的状态	柔软，寿命长
空间分辨率	1 ~ 2mm
时间分辨率	100Hz
集成规模	50 ~ 200 个元件（例如，5 × 10，10 × 20）
动态范围	1000 ：1
最小灵敏度	小于 5gf，1gf 最理想
响应特性	即便是非线性，也有单调增加特性
滞后现象等	无滞后，稳定并具有再现性

剪切方向的力。Harmon的配置未提及传感器元件的轴数，但为了根据物体表面的摩擦系数等推测材质、握住容易滑落的物体，就需要测量图2.5中的三轴力。

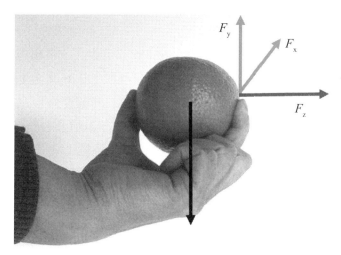

图2.5　三轴触觉传感器的必要性

本书会在3.1.1节讲解用数学公式计算触觉传感器与物体之间的力学接触需要测量三轴力，从上文中已经可看出三轴的重要性。在2.1.1节我们已经介绍过鲁菲尼神经末梢这种机械感受器，其中提到它会在皮肤受到牵拉时对刺激作出反应。例如握住铁棒的手下垂，身体前后摇晃时，手掌部位的皮肤受到拉扯，会产生皮肤的牵拉感。通过鲁菲尼神经末梢得到的感觉，我们可以估测出物体在多大力度内不会滑落。而且在抓住铁棒的瞬间，人就能通过梅克尔细胞持续感知皮肤受到的压力。因此传感器元件的三个轴数相当于赋予机器人梅克尔细胞和鲁菲尼神经末梢两个功能。

随着今后机器人更多地参与到家庭和医疗前线，三轴力探测能力也将越来越重要。例如，家庭内洗碗和盛菜等情况下，剪力就显得尤为重要。而在做护理工作时，机器人需要将手插入卧床者的背部下方并抱起卧床者，这就需要指尖的剪力。因此希望表2.2的"项目"中加入"轴数"，"内容"设为"3"。而且触觉传感器要通过按压对象来物理测量数据，所以抗冲击性和寿命也十分关键，既然内置在机器人体内，噪声问题也不可忽视，都应加入配置内容。

2.1.3　VR触觉显示器的功能

将来，随着直接向人的神经输出数据的神经界面研究[10]的发展，我们也许能够直接将计算机生成的虚拟触感输入神经。但现阶段我们仍然采用对皮肤和四肢的肌梭和腱梭施加某种压力或力量模式，刺激人的感觉器官的方式。所以不仅触觉传感器的设计，VR设备的设计更需要考虑到人的感觉器官的灵敏度和特性。

力量感与肌梭及腱梭的特性有关。由于没有肌梭和腱梭的振动特性调查，我们只能根据三浦的振动整个手腕的实验进行类推[11]。根据三浦测量的阈值特性，2~20Hz之间单调增加，20~100Hz之间变为减少，略超过100Hz时显示为最小值，之后变为单调增加，直至300Hz。图2.4和上述结果的特性在2~20Hz范围内截然不同，而且与上述皮肤机械感受器相比，灵敏度峰值出现的频率约降至1/3。20Hz以下范围出现肌梭和腱梭特性，频率高于20Hz时机械感受器的灵敏度更高，可能是机械感受器的特性掩盖了肌梭和腱梭特性，也可将其解释为多种肌梭和腱梭的结果相结合的产物。无论怎样，只要符合可检测高频的皮肤机械感受器特性即可，触觉显示器的频率带宽达到机械感受器的带宽1kHz即可。

人的力量感知范围极大，既能感知薄薄的一张纸，又能感知几千克的重物。所以虚拟物体的力量感知渲染到1kHz即可，但用于发力的致动器的电机必须具备足够大的输出。

触觉显示器必须考虑到上述四种机械感受单位的探测特性。此外，机械感受单位并非平均分布于整个身体，它们高密度集中于指尖，低密度分布于背部。

判断感受器的分布密度的标准是两点阈（two-point limen）。两点阈指的是能分辨出两点刺激的最小距离[1]。两点阈决定了刺激点在不同皮肤部位的最小间距。主要部位的两点阈如表2.3所示。当呈现这些部位的虚拟触觉时，探针间距应小于对应的两点阈。

那么呈现指尖的触觉时，刺激点间距应为多大呢？根据表2.3，至少应小于2mm。看似间距越小越好，但小于2mm多少才够呢？我们需要分析感受器的密度才能解决这个问题。各种感受器的密度如图2.6所示[12]。图2.6中，右纵轴的绝对密度估算值等于实验得出的左纵轴的样本密度乘以系数26.5。在该图中，从指尖密度最高的FAⅠ的绝对密度可以看出，感受器的间距约为0.9mm，因此探针间距略小于1mm较为适宜。

表2.3 主要部位的两点阈

身体部位	两点阈/mm
大脚趾	10
脚 掌	22
小腿肚	48
大 腿	46
背 部	42
腹 部	36
上 臂	47
额 头	18
手 掌	13
大拇指	3
食 指	2

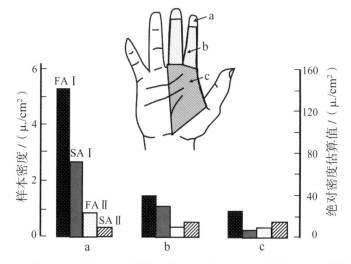

图2.6 手掌主要部位的感受器密度（改编自参考文献［12］的插图）

目前的致动器技术很难打造探针间距密度如此之高的触觉显示器。因此仲谷等人在没有致动器的状态下制作了仅由探针组成的工具，如图2.7所示，将○△□的纸贴在平板上，制作出细小的凸起，通过这种工具进行触摸，得到的结论是，1mm间距时正确率最高［13］。此试验结果也告诉我们间距约1mm为最佳值。

现阶段的触觉显示器的探针间距尚未达到这一水平。希望今后的致动器技术有进一步的发展。除分布密度以外，参数还包括探针的行程和发生力。有报告称，在进行操控作业时，探针的行程需至少为1mm，5mm最佳［14］。市面上在售的点阵型触觉显示器也达到了约1mm的最低行程。发生力与分布密度相结合，增加密度即可降低发生力。用指尖触摸时，设手指的接触面积约为25mm²，则间距为2.5mm的9个探针被手指覆盖。设一个探针的发生力为0.3N，则指尖会受到约2.7N的力。综上所述，环状的微致动器的行程和发生力并不大，但可以用于轻触作业的VR。

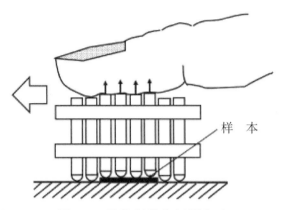

图2.7　最佳刺激点间距实验

　　在凹凸形状的基础上，触觉显示器能否同时呈现材质呢？近年来，合成皮革的品质越来越高，用眼睛看或用手摸已经无法区分二者的差异了，而不久之前用手是能够分辨的（通过触觉辨别材质）。由此可见，用VR表现材质感将是今后的一大课题。

　　虽然人们期待显示器能够呈现材质感，但实际很难操作。膨胀性流体很像融水面粉，快速搅拌会变成电阻，缓慢搅拌会呈现粘稠的触感，曾有人用这种材料进行尝试[15]，但即便成功，它也只能成为材质感专用的显示器。我们仍旧希望一块显示器能够同时呈现凹凸感和材质感。

　　触觉显示器的研究还在继续，随着致动器的进步，可能真的会出现能够同时呈现凹凸感和材质感的新科技。但既然可以通过错觉弥补部分触感，那么用当下的致动器技术也有可能打造出理想的触觉显示器。本书将会在5.3.4节介绍一种另辟蹊径的触觉显示器，利用错觉表现凹凸感和光滑感。

2.2　各种机器人触觉传感器

2.2.1　压敏导电橡胶

　　压敏导电橡胶是一种在橡胶中加入了碳粒子的产物[16]。触觉传感器利用此原理，将压敏导电橡胶做成薄片，夹在弹性片状电极中。在此传感器的基础上加入图2.8中的压力，粒子之间就会彼此靠近并接触。随着压力越来越大，电流的通道也越来越多。在电压不变的状态下，电流会与压力成比例增加。

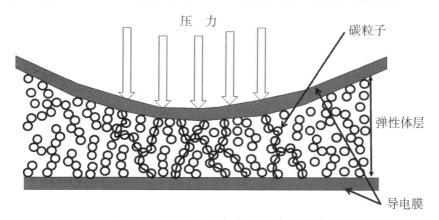

图2.8 压敏导电橡胶型触觉传感器

根据欧姆定律，电压不变，电阻随电流的变化而变化。也就是说，这种触觉传感器采用了通过电阻值调整加压力的原理。

重心传感器就是通过这种原理研发出来的[17-19]。重心传感器的基本原理类似于位置敏感探测器（position sensitive detector，PSD），PSD的原理是将感光面分成四份，求光的重心。重心传感器如图2.9配置电极，求四条边S_1、S_2、S_3、S_4的电阻R两端的电压V_1、V_2、V_3、V_4。A层和B层之间的压敏导电橡胶层的电阻值和压力成正比时，关系式很简单。从A层流向B层的总电流可以根据上述外接电阻中的电流计算。

$$I = \frac{2V_0 - V_1 - V_3}{R} = \frac{2V_0 + V_2 + V_4}{R} \tag{2.1}$$

传感面上的作用力F和接触位置(x, y)的算式如下：

$$x = K_x \frac{V_1 - V_3}{I} \tag{2.2}$$

$$y = K_y \frac{V_2 - V_4}{I} \tag{2.3}$$

$$F = K_z I \tag{2.4}$$

其中，K_x、K_y、K_z是常数。

以压敏导电橡胶为传感材料的触觉传感器抗冲击力强，而且易于大面积化，特性极强。但是如上述图2.8所示，由于它的原理是通过碳粒子互相接触来接通电流，所以微观上粒子周期性反复接触和分离的位置容易产生噪声。

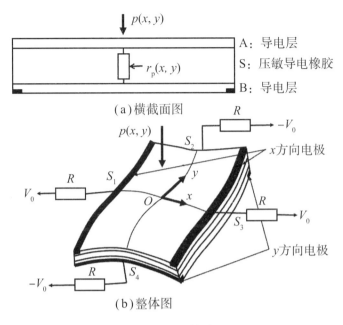

（a）横截面图

A：导电层
S：压敏导电橡胶
B：导电层

（b）整体图

图2.9　重心传感器

2.2.2　静电容量

将电介质封闭在两片弹性电极板之间就形成了静电容量型触觉传感器。其结构与电容器基本相同，因此如图2.10所示，加上载荷后，两片电极板相互靠近，静电容量增大[20]。静电容量与施加的力成正比，所以根据静电容量调节作用力就是这种传感器的基本原理。

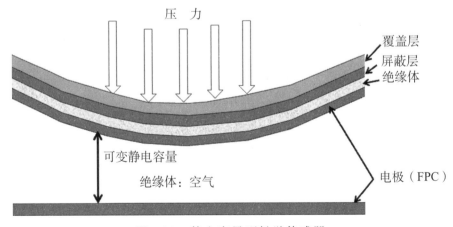

图2.10　静电容量型触觉传感器

用柔性印刷电路板制造两片电极板可以打造出超薄的触觉传感器，很适合用于人型机器人，可以像为手指贴创可贴一样实装。

然而以电容器为原理就导致它会像天线一样接收到高频噪声，并受周围寄生电容的影响。所以需要将外层作为导体接地，以此去除上述电气噪声。

这种传感器用柔性材料制成，但是多为聚酰亚胺薄膜，向一个方向弯曲的状态下很难向与其正交的方向弯曲，难以附着在指尖上。

还有一种两片柔性印刷电路板之间封入导电材料的传感器，原理与上述传感器不同。这种传感器中，随力的变化而变化的不是静电容量，而是电阻。这种传感器应用较广，不仅可用于机器人，还可用于确认咬合状态以及测量床的表面压力等。但它的结构与静电容量型相似，也存在上述弯曲问题。而且它对1N左右的初始负重不敏感，不适合指尖的精密作业。

2.2.3　磁　性

磁铁和磁性传感器的距离随施加的力的大小而变化，因此可以通过磁性传感器的值求力的大小。磁性传感器采用霍尔元件和磁性电阻元件。为了更加贴合物体，磁铁被埋入橡胶类弹性物体中，在下方设置磁性传感器。

磁铁排列于弹性体内，磁性传感器排列于磁铁下面，这样可以测量垂直力的分布，如图2.11所示[21]。此外再向该传感器表面施加垂直的轴系力矩，磁铁就会转动，这样还能够测量垂直于传感面的轴系力矩。

为了能够在测量垂直方向载荷的同时测量横向载荷，人们目前正在研究图2.12所示的触觉传感器，在硅胶圆顶的顶部内侧安装磁铁，在下面的电路板上安装四个霍尔元件[22]。将四个霍尔元件分为两组做减法，则得出的值与横向载荷成正比。减法的原理类似于上文中的式（2.2）和式（2.3）。人们也在研究如何将圆顶排列为2×2阵列并安装在机器手上。

上述磁性原理的触觉传感器存在一个共同的问题，当处于周围有磁力线的环境中时，磁性传感器会感应到实际并不存在的触觉。

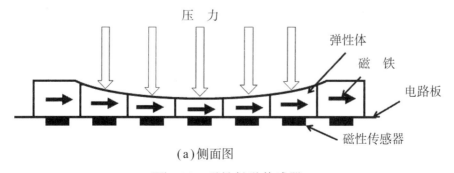

（a）侧面图

图2.11　磁性触觉传感器

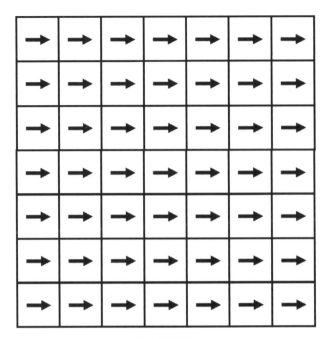

（b）顶面图

续图2.11

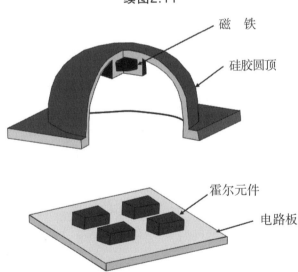

图2.12 能够测量横向载荷的磁性触觉传感器

2.2.4 压电效应

压电效应是在力的作用下发生在电场中的现象，常出现于水晶和PZT陶瓷等材料中。高分子材料也有压电效应，所以触觉传感器在应用压电效应时常使用高分子材料。这是由于聚偏氟乙烯（PVDF）等材料均被制成片状，便于贴附在机器人的手指等处。

载荷发生变化时会产生压电效应，所以它不适用于检测稳定载荷，因此也不适用于触觉传感器。但由于它擅长检测速度和加速度，在这些方面的应用较多。

例如，田中等人提出用双压电晶片型PZT致动器作为激振器，与PVDF膜组合制成图2.13中的触觉传感器[23]。这种传感器有望安装在人的手指上进行前列腺诊断。它能够通过振荡输入的波形和PVDF膜测量到的波形计算振幅比和相位，并测量弹性系数和粘性系数。这些数值能够帮助人们分辨前列腺癌和前列腺肥大。

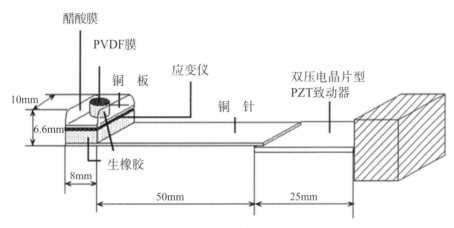

图2.13　前列腺检查触觉传感器的结构

2.2.5　半导体

使用半导体的好处在于可以在芯片上增加放大器和开关等功能元件。如果能进一步增加运算功能和信号处理功能，甚至有望实现智能传感器。

但是采用硅工艺时，需要将单结晶硅作为压力检测材料。众所周知，单结晶硅本身的静载荷强度相当于不锈钢，但它的抗冲击性极差。触觉传感器需要通过接触物体来探测，所以必然会受到一定程度的冲击力。这种情况下，如果太容易损坏则无法使用。

不仅如此，在机器手指上安装传感器时，从芯片中读取信号的方式也存在难点。由于安装成曲面而非平面，FPC板可以焊接，但是难以解决复杂性和抗持久性等问题。近年来，无线射频识别技术应用越来越广，也有人建议将它应用于触觉传感器[24]。虽然触觉传感器的传感点数比视觉传感器少，但也有成百上千个，我们希望能够像人手一样达到17 000个传感点[12]，要实现这一目标就需要开发出扫描大量数据的方法。

综上所述，半导体触觉传感器虽然面临诸多问题，但它具有灵敏度高、响应速度快、便于集成化等众多优势。着眼于这些优势，通产省工业技术院在大型项目"极限作业机器人"（1981年～1990年）[25]中开发出了世界上首个能够测量压力分布的三轴3mm触觉传感器和三轴1mm触觉传感器[26]。这些三轴触觉传感器的制造离不开微机电系统（micro electro mechanical system，MEMS）。要想探测多轴力，需要将下文中的三分力传感器通过MEMS进行超小型化。

人们从很久以前就采用弹性环探测剪切加工时作用在刀头上的三分力[27]。三轴3mm触觉传感器将这种弹性环通过MEMS进行超小型化，设计上将三轴的超小型测力传感器以阵列状排列（图2.14）。

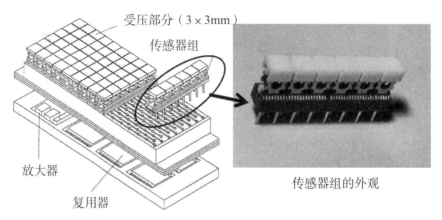

图2.14　三轴3mm触觉传感器

作用在环上的力和圆周方向应力分布的关系如图2.15所示。由于不同的力产生的圆周方向应力分布不同，以通过解析有限单元得到的数据为基础，分解三个方向的外力，在能够探测的位置设置半导体应变计。

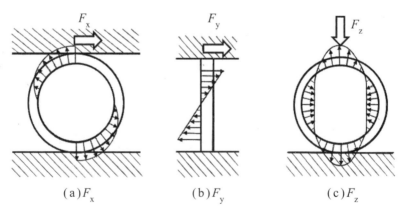

图2.15　作用在环上的力和圆周方向应力分布的关系

三轴1mm触觉传感器为了实现轻薄化，设计上应用了梁的变形。如图2.16所示，剪力和垂直力产生的应变分布不同。在梁的内侧形成的四处半导体应变计的四种输出中，可以通过加法和减法计算垂直方向和剪切方向上的力。

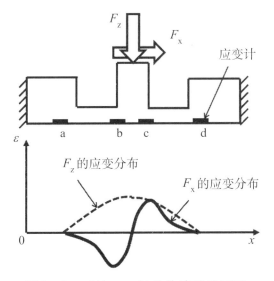

图2.16 三轴1mm触觉传感器的原理

因为在一个地方只能探测出两轴的力，所以x方向的剪力和y方向的剪力呈方格样式排列（图2.17），整体来看就能够检测出三轴力的分布了。

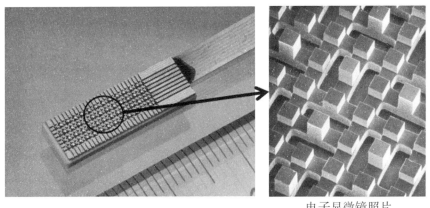

电子显微镜照片

图2.17 三轴1mm触觉传感器

近年来也有人提出了电场效应晶体三极管和PVDF-TrFE组合使用的触觉传感器[28]。单一元件的原理图如图2.18所示，PVDF-TrFE事先进行了轮询处理，在源极和漏极之间施加电压，同时为栅极加压，这样就会因压电效应产生电场。电场越强，源极-漏极间的电流越大。半导体型触觉传感器大多需要另设放大装置，而这种方式的传感器的敏感元件本身就有放大功能。1mm芯片能够成功制作出4×4阵列。

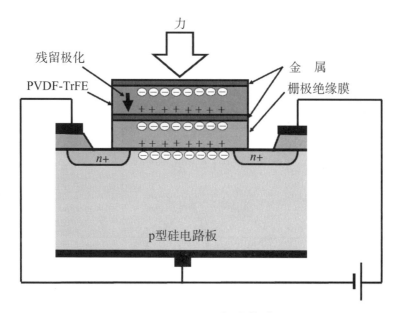

图2.18　POSFET触觉传感器

2.2.6　光与照片

接下来笔者将介绍谷江等人在工业技术院机械技术研究所开发的光波导型触觉传感器。谷江本人表示，这是他在英国出差时从扁平足的诊断器械中得到的灵感。

现在医院有一种足底压力扫描仪（Podoscope），它与谷江所见的扁平足诊断器械是否相同尚不明确，但十分相似。如图2.19所示，足底压力扫描仪从透明

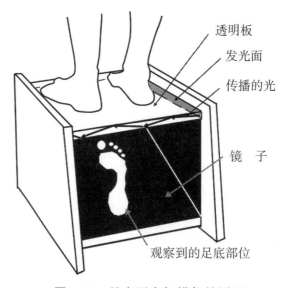

图2.19　足底压力扫描仪的原理

板的边缘射入平面光，光在内部通过全反射传播。板表面有物体接触时影响反射条件，在接触的位置会发生漫反射。踩上透明板后，脚部不接触的部位不发光，脚趾和脚踵等接触部位发光。谷江利用这种原理，用凹凸不平的橡胶垫代替脚掌，用感光晶体三极管的阵列测量光的分布，研发出了触觉传感器[29]。他还研发出半球型装置，并与PSD组合，打造出能够高速读取接触位置和作用力大小的触觉传感器，同时还在进行机器人手指的实装研究[30]。

这种触觉传感器的核心在于不直接测量与物体的接触状态，而是在别处通过光的分布来测量。虽说是触觉传感器，却是一种测量非接触状态的特殊传感器。

传感器主体和接触部分之间可以保持距离，所以本质上抗击打能力强。而且由于与物体接触的部分可以使用橡胶等柔软材料制作，有易于贴合对象物体的优势。但它的缺点在于传感器主体与接触部分需要一定的间距，所以难以实现轻薄化。笔者等人用摄像机拍照的方式代替感光晶体三极管的阵列，为橡胶片的内外两面打造纹理，开发出可以测量三轴力分布的触觉传感器。具体介绍请参考第3章。

笔者等人制造的这种图像触觉传感器的开发案例近年来有所增加。下面我们来介绍具有代表性的GelForce传感器和大日方等人的传感器。

GelForce传感器的结构如图2.20所示[31]。这种传感器在透明弹性体内部不同深度的面设置红色和蓝色两种标记的队列。透明弹性体变形时进行拍摄，得到不同高度的两个二维移动矢量分布。假设透明弹性体是半无限弹性体，则拍摄的移动矢量和力矢量之间可能成立某种关系式。移动矢量的自由度是二维的，力矢

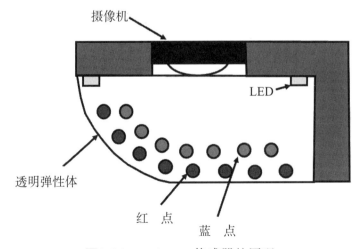

图2.20　GelForce传感器的原理

量的自由度是三维的，所以无法通过移动矢量求出力矢量的值，但能够得到深度不同的移动矢量，因此可以求出力矢量的三种成分。

　　下面我们来介绍大日方等人的触觉传感器。这种传感器分为两种，一种是装满有色流体的厚橡胶气球[32]，一种是透明硅胶半球[33]，后者如图2.21所示。

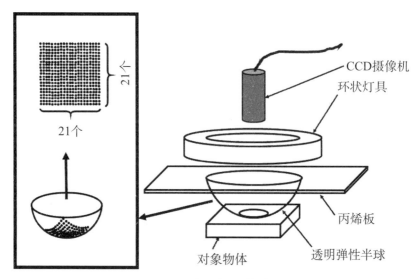

图2.21　透明半球型触觉传感器的结构

　　大日方等人的传感器原理类似于上述GelForce传感器，通过绘制的点的移动控制传感垫上的作用力。GelForce传感器有两层点层，在假设半无限的弹性体的基础上调整三轴力；而大日方传感器通过改变点与电路板之间的距离，从而改变点的颜色，进而改变垂直力。剪力根据点的水平方向的移动而变化。

　　图2.21中的透明硅胶板用于测量粘滑等滑动现象，厚橡胶气球型更容易贴合对象物体的形状，适用于获取对象物体表面形状。

　　上文中，我们分别介绍了目前为止具有代表性的触觉传感器原理。随着智能手机的普及，以及近年来摄像机的小型化和低成本化，越来越多的研究人员致力于研究最后一张示意图中的触觉传感器。尽管轻薄化和大面积化仍尚待解决，但这种传感器与其他类型的传感器相比，几乎无需担心噪声和接触使传感器损坏。这两个问题最让触觉传感器研发人员头疼，所以这种原理的传感器的优势大大弥补了它的缺陷。

　　后面的第3章中，我们将介绍这种图像原理的触觉传感器设计。

2.3 各种VR触觉显示器

2.3.1 触觉显示器（haptic display）

haptic源自希腊语中的haptikós，意为"触觉"。起初，haptic display指的是呈现虚拟物体受到的反作用力的装置。而现在的haptic display或haptic interface等名词代表与力接触相关的所有设备，不仅能够呈现振感和冲击力，还能呈现表面的凹凸感[34]。

本书将呈现虚拟物体的反作用力、振动和冲击力的设备称为触觉显示器。但触觉与力觉不可完全分离，严格设定haptic display和haptic interface的概念范围并无意义。也就是说，用木棍等工具试探物体的时候，虽然是木棍的一端先接触物体，但如果碰到的物体很柔软，触感也会传递给手握木棍的一端，仿佛直接触摸到了物体。用木棍摩擦物体的凹凸面，则凹凸面会通过振动传递给木棍，也能给人以直接触摸的感受。在触觉显示器开发伊始，我们根据上文中的描述想到，如果给木棍6个自由度的力/力矩，并精密重现其一次/二次微分，尽管是通过木棍，应该也能通过力觉呈现展示各种虚拟物体的触觉信息。上述定义只是为了便于说明而设定的。

触觉显示器生成的刺激可以传递给肌肉和肌腱中的肌梭、腱梭以及机械感受器。如上文的2.1.3节所述，对手或手腕整体施加振动时，阈值从0Hz上升至20Hz，然后开始下降，最小值在100Hz附近，之后持续增加。又如2.1.1节所述，机械感受器的频率响应范围为数百~500Hz，机械感受器的最高灵敏度更高。因此触觉显示器要想模仿表面的凹凸感，留出余量，1kHz以下频率也完全够用。下文会提到，为了真实还原触觉，phantom的haptic信息的成像程序的速度为0.5~2kHz[35]。

触觉显示器分为串联机构型和并联机构型。通常，并联机构的基础式的推导较为复杂，我们先通过串联机构在二维范围内限定运动的实例来讲解力觉呈现的原理。图2.22就是这种串联机构的示例。

这种串联机构的末端的位移和转角值计算如下：

$$x = l_1 \cos\theta_1 + l_2 \cos(\theta_1 + \theta_2) + l_3 \cos(\theta_1 + \theta_2 + \theta_3) \tag{2.5}$$

$$y = l_1 \sin\theta_1 + l_2 \sin(\theta_1 + \theta_2) + l_3 \sin(\theta_1 + \theta_2 + \theta_3) \tag{2.6}$$

$$\alpha = \theta_1 + \theta_2 + \theta_3 \tag{2.7}$$

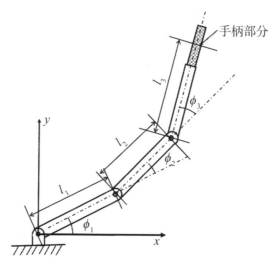

图2.22　串联机构

根据式（2.5）～式（2.7），由$(\theta_1, \theta_2, \theta_3)$求$(x, y, \alpha)$属于运动学正解问题，相反，由$(x, y, \alpha)$求$(x, y, \alpha)$属于运动学逆解问题。根据式（2.5）～式（2.7），对时间进行全微分：

$$\dot{\boldsymbol{P}} = \boldsymbol{J}[\boldsymbol{\phi}(t)]\dot{\boldsymbol{\phi}} \tag{2.8}$$

其中，$\boldsymbol{P} \equiv (x, y, \alpha)^{\mathrm{T}}$，$\boldsymbol{\Phi} \equiv (\theta_1, \theta_2, \theta_3)^{\mathrm{T}}$，$\boldsymbol{J}$表示串联装置型的雅可比（Jacobian）。

运动学逆解问题中，用下式对式（2.8）逆解

$$\dot{\boldsymbol{\phi}} = \boldsymbol{J}^{\mathrm{T}} \dot{\boldsymbol{P}} \tag{2.9}$$

串联机构用于机器人时，需要为机器人的末端动作制定轨道计划，再根据轨道计划计算控制器末端的位置、姿态及其速度。将数值代入式（2.9）的右边，计算某瞬间所需的关节速度，根据数值控制各关节电机。$\boldsymbol{J}$的自变量包括某个瞬间的关节角度，所以对式（2.9）积分，可以同时计算出下一步的关节角度。上述控制方法叫作分解速度法[36]。

触觉显示器中，操作者移动手柄，通过接触虚拟环境来计算力矩并控制各关节电机的转矩。根据虚拟作业的原理和式（2.8），关节电机的转矩和力矩计算如下：

$$\boldsymbol{\tau} = \boldsymbol{J}^{\mathrm{T}} \boldsymbol{n} \tag{2.10}$$

其中，$\boldsymbol{\tau} = (\tau_1, \tau_2, \tau_3)$，$\boldsymbol{n} = (f_x, f_y, m_z)$分别是各个电机的转矩和力矩。

我们接着介绍触觉显示器的串联机构代表——phantom。目前开发出的

phantom根据能够再现的力的大小和力反馈轴数分为若干类型。其中图2.23的phantom desktop可以在桌面上使用。

图2.23 phantom desktop

位移测量有6个自由度，力控制限制为三轴。不通电时几乎没有电阻，通电时小型设备也约有6N的力输出。被称为触笔的手柄部分相当于机器人的手腕，具有roll-pitch-roll的自由度，可以测量触笔的三维角度。手腕部分到底座主体进行3个自由度的位置测量并生成力。

下面介绍另一种并联机构型触觉显示器。并联机构的开发目的是打造优于串联型的高输出、高刚性和高灵敏度。在众多并联机构中，采用Δ机构的触觉显示器得以成功研发并进入市场[37]。

stewart平台是并联机构的代表，我们来对它的原理加以说明。stewart平台如图2.24所示，输出连杆和底座通过6条链相连。6条链分别有各自的直动关节（由滚珠丝杆和电机组合而成，能够进行伸展动作），致动器可以任意改变链的长度l_i ($i = 1, \cdots, 6$)[38, 39]。操作者手持末端，感受移动时发生的6个自由度的位置/姿态$(x_c, y_c, z_c, \alpha, \beta, \gamma)^T$。末端的位置接触虚拟物体就能感知这时6个自由度的力矩$(F_x, F_y, F_z, M_x, M_y, M_z)^T$。

从几何学上可以计算出致动器的输出$l = (11, 12, 13, 14, 15, 16)^T$和末端的位置/姿态$x = (x_c, y_c, z_c, \alpha, \beta, \gamma)^T$的关系。此处省略具体数式推导过程。如果想了解推导过程，请阅读参考文献[38, 40]。l和x的关系如下：

$$\boldsymbol{l} = f(\boldsymbol{x}) \tag{2.11}$$

对式（2.10）两边关于时间进行全微分，得到下式：

$$\dot{\boldsymbol{l}} = \boldsymbol{J}_{\mathrm{P}}\dot{\boldsymbol{x}} \tag{2.12}$$

$$\boldsymbol{J}_{\mathrm{P}} \equiv \frac{\partial f}{\partial x} \tag{2.13}$$

其中，式（2.13）中定义的 $\boldsymbol{J}_{\mathrm{P}}$ 就是并联机构的雅克比。这里的雅克比与上文中串联机构的雅克比定义不同，相当于串联机构的雅克比的逆矩阵。因此式（2.12）相当于串联机构的运动学逆解。

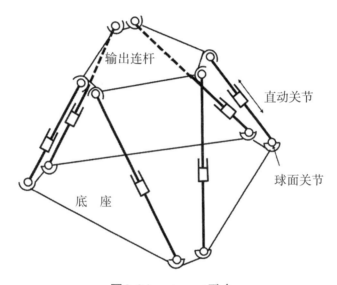

图2.24　stewart平台

$\boldsymbol{J}_{\mathrm{P}}$ 比串联机构的 $\boldsymbol{J}$ 更复杂，但按步骤推导，很容易理解式（2.13）的具体内容。但与式（2.12）相反，很难通过致动器的输出 $l = (l1, l2, l3, l4, l5, l6)^{\mathrm{T}}$ 计算出末端的位置/姿态 $\boldsymbol{x}(x_{\mathrm{c}}, y_{\mathrm{c}}, z_{\mathrm{c}}, \alpha, \beta, \gamma)^{\mathrm{T}}$。也就是说，运动学正解比运动学逆解更难。这与运动学正解更简单的串联机构相反。

并联机构因连结链的关节种类和数量不同而分为许多种。与串联机构不同，它很难靠直觉把握自由度，很难决定怎样组合连杆和关节才能使装置满足所需的自由度。

我们希望能够在设计阶段通过目标自由度确定装置的连杆和关节的组合。为计算装置的自由度 G，常会用到下面的 Grübler 公式[39, 40]：

$$G = M(N-1) - \sum_{m=1}^{M-1} (M-m)\, j_m \qquad (2.14)$$

其中，G是装置的自由度；N是构成装置的连杆总数；M是作为刚体的连杆本身的自由度，运动只发生在平面内时，自由度为3，发生在空间内时，自由度为6；m是各个关节的自由度；j_m是自由度m的关节总数。

Grübler公式的第一项表示装置能够得到的最大自由度，N减去1是因为N个连杆中至少有一个是固定的；第二项表示连接连杆的m个自由度的关节导致降低的自由度。也就是说，从$M(N-1)$个总自由度上减少了$(M-m)$个自由度。用j_m个自由度m的关节连接连杆，则装置整体减少$(M-n)j_m$个自由度。

我们以stewart平台为例，对式（2.14）的使用方法加以说明。stewart平台中，输出连杆和底座以6条链相连。6条链分别由两根连杆组成，连杆之间通过1个自由度的移动关节（prismatic joint）连接。因此连杆的总数N如下式所示：

$$N = 2 + 6 \times 2 = 14 \qquad (2.15)$$

各条链的上下两端分别是3个自由度和2个自由度的旋转关节，上端和下端分别连接输出连杆和底座。因此，1个自由度的移动关节、2个自由度的旋转关节、3个自由度的旋转关节分别有6个。而且考虑到这类装置属于空间装置，$M=6$。因此式（2.14）计算如下：

$$G = 6(N-1) - \sum_{m=1}^{6-1} (6-m)\, j_m \qquad (2.16)$$
$$= 6 \times (14-1) - (6-1) \times 6 - (6-2) \times 6 - (6-3) \times 6 = 6$$

通过Grübler公式可以确认，stewart平台是6个自由度的空间机构，刚体在空间内可以进行所有3个自由度的平移和3个自由度的旋转。

stewart平台是6个自由度的空间机构，但也常用作不足6个自由度的机构。前文提到的Δ机构在空间内能够进行3个自由度的平移运动，这种Δ机构如图2.25所示。

用Grübler公式计算Δ机构的自由度会得到负值，即Δ机构不工作。图2.25中所示的连杆DE和BG平移，不受几何学的限制。因此假设不存在连杆BG或DE及其两端的关节，则自由度为3。这一事实可理解为虽然实际不需要这些连杆和关节，但它们的存在是为了各个连杆不发生过大的弯曲。

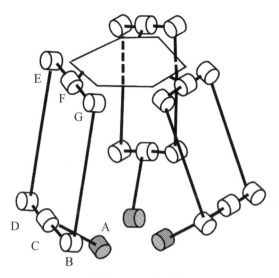

图2.25 Δ机构

采用Δ机构的触觉显示器为了实现6个自由度，Δ机构的输出连杆采用了搭载旋转3个自由度装置的方法，如图2.26所示。这样可以将操作手柄部分的旋转自由度和平移分开。对操作者来说，这样先固定位置再旋转的操作更加自然[41]。

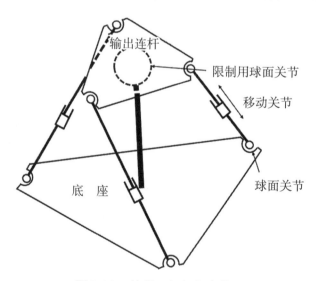

图2.26 旋转3个自由度装置

2.3.2 点阵显示器

2.3.1节中介绍的触觉显示器是操作者通过握住虚拟木棍并触摸虚拟物体来获得力觉和触觉感知的，可以说它是通过虚拟木棍间接感知触觉的触觉显示器。本节介绍的装置能够生成抚摸虚拟物体时产生的凹凸感等触觉。

除触觉显示器以外，还有许多种通过触摸屏幕来感受虚拟物体的研究。其中具有代表性的有FEELEX，它能够通过液晶屏在布面上投影，同时在内侧通过多个直流伺服电机控制多点柔度[43]。近年来出现了多个致动器集成的桁架结构，这种桁架结构采用通过控制柔度生成任意硬度的多面体形状的界面[43]和通过施加电场调节流动电阻的电流变流体（electro-rheological fluid），推进在显示屏上生成细微凹凸面的研究[44]。

除此之外还有许多类型的界面，很难一一列举，本书主要探讨的触觉显示器是将细小的探针以矩阵状排列，通过控制探针的上下运动来呈现表面凹凸感。由于它是在点构成的面上控制点的高度，所以在提及这种触觉显示器时称之为点阵显示屏（dot matrix display）。

点阵显示屏可以生成的真实感与点上下运动的精确度有关，主要受点的间距影响，就像增加图像像素会提高精密度一样。如2.1.3节所说，仲谷等人表示，如果能将点的间距缩小至约1mm，就能够呈现表面细微的凹凸感。

点阵显示屏的研发起步较早，最初是面向视障人士而并非VR。目前为止出现的主要原理如表2.4所示。

表 2.4　主要的点阵显示屏

原　理	年	著　者	尺　寸	分辨率	行　程	呈现面积	生成的力	频　率
压电效应	2000	渡边等[45]	4×8	2.4mm	0.7mm	21mm×25.6mm	0.177N	100Hz
	2007	Ohka 等[46]	8×8	1.0mm	0.7mm	7mm×7mm	0.177N	100Hz
	2008	Kyung 等[47]	5×6	1.8mm	0.7mm	9.7mm×7.9mm	0.06N	350Hz
	2014	Ros 等[48]	8×8	1.5mm	0.7mm	10.5mm×10.5mm	0.0833N	20Hz
形状记忆合金	1998	Tayler 等[49]	4×16	3.6mm	1.7mm	20mm×40mm	—	2-3Hz
	2012	Zhao 等[50]	3×8	2mm	3mm	4.5mm×17.6mm	—	—
	2013	Matsunaga 等[51]	10×10	1.27mm	2mm	—	0.1~0.15N	3Hz
微型步进电机	1998	shinohara 等[52]	64×64	3mm	10mm	200mm×170mm	2.94N	0.067Hz
伺服电机	2002	Wagner 等[53]	6×6	2mm	2mm	10mm×10mm	—	7.5Hz（max.25Hz）
液压致动器和低熔点金属	2004	Nakashige 等[54]	10×10	2mm	—	20mm×20mm	依靠液压	0.06Hz
相变态	2005	Lee 等[55]	—	2.5mm	1mm	—	0.3W	0.01-0.04Hz
电活性聚合物（EAP）	2007	Kato 等[56]	—	—	—	—	0.0147N	1 2Hz
	2008	Koo 等[57]	4×5	3mm	0.5mm	11mm×14mm	10W/cm2	50Hz
挡板致动器	2007	Yeh 和 Liang[58]	—	2.5mm	0.7mm	—	0.156N	—
液压	2012	Wu 等[59]	2×3	2.5mm	0.6mm	2.5mm×5mm	0.05N	0.2 150Hz
聚缩醛（POM）	2014	Torrasa 等[60]	10×10	3mm	3mm	25mm×25mm	0.04N	0.28Hz（max.）

从表2.4可以看出，目前出现的原理很多，包括压电效应、液压致动器、电

活性聚合物、音圈电机和伺服电机等。与触觉传感器的研发相同，这些原理各有其优缺点，尚未出现最佳选择。人们尝试的原理如此之多，正如上述触觉传感器的研发状况，说明其发展并不顺利。由表2.4中的配置可知，能满足约1mm的点间距和数百Hz频率的只有压电效应。从上述人类触觉生理学角度出发，我们需要约1mm的点间距和约1kHz的频率。尚无论文表明有技术能同时满足这两个条件[45,46]，只有笔者等人制作的成品满足点间距这个条件[46]。

但是，笔者等人的论文中，成品的呈现面积不足7mm×7mm，接触面积只有食指的一半。呈现面积这么小，犹如管中窥豹，会对操作者造成精神负担，并不实用。但是当今能用于实验的原理只有压电效应。

另一方面，当前十分流行微致动器的研究[61]。人们所研究的新原理致动器不同于以往的电磁致动器和液压致动器，被称为新型致动器。以微纳米技术和微全分析系统（micro-total analysis system）应用为目标，多项研发齐头并进，其成果也在触觉显示器上得以应用。希望今后新型致动器的研究成果在性能上能够超越现在的压电致动器。

2.3.3　其他原理的触觉显示器

2.3.2节介绍的触觉显示器的开发充分利用了微致动器的研究成果。但是微致动器研究尚处于发展阶段，我们心目中的触觉显示器尚未开发成功。那么我们应该制定怎样的战略来打破现状呢？

当然，进一步实现微致动器的小型化、高输出化、高密度实装化，继续拓展致动器研究是一项重要战略。笔者纵观当下的研究成果，认为除此之外还有两种主要战略：

（1）直接向控制触觉输入的末梢神经系统、中枢神经系统传递信号。

（2）用现有的呈现器利用错觉呈现目标感觉。

前者可以采用微神经电图法，将钨制的细小电极刺入神经，直接输入电刺激，生成触觉[10]。这种方法属于神经界面，脱离了触觉显示器，但这一领域中的某些研究能够代替人的眼睛，直接将图像信息输入视觉皮层，帮助视障人士重新获得视觉信息。这种方法需要进行外科手术，不可以轻易实验。机械感受器处于皮肤中较浅的位置，可以从皮肤表面直接刺激机械感受器[62]。为了使FAⅠ、FAⅡ和SAⅠ的机械感受器的神经轴突选择性地工作，人们研究出了组合使用阳极电流和阵列电极的方法。这样一来，人们就能够刺激多个机械感受器，生成刺激单一机械感受单位时不会出现的自然触觉。这种方法不使用点阵型触觉显示器，今后的发展备受瞩目。

另一种研究方向是利用错觉。我们用图2.27来说明利用错觉的意义。设对于感觉输入为ϕ，正常生成的知觉为Ψ。我们所说的错觉指的是通过感觉输入ξ（不同于先前的ϕ），产生与Ψ相同的知觉Ψ'。如果这时错觉的感觉输入ξ的成本低于感觉输入ϕ，则能够证明错觉的价值。与触觉和力觉相关的错觉包括运动错觉、假性力错觉、橡胶手错觉、天鹅绒错触等[63]。本书将在5.3节详细介绍运用这些错觉的各类显示器，下面简单介绍一下VR中常用的牵引力错觉[64]。

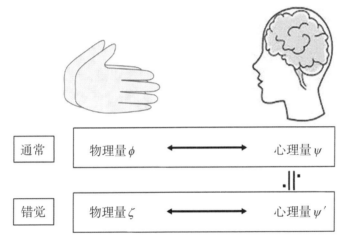

图2.27 错觉现象的效用

人对强烈的刺激十分敏感，但很难察觉微弱的刺激。牵引力错觉就利用了人的这一知觉特性，通过对手指指腹交替重复施加强加速度和弱加速度的非对称振动，使人在错觉中感受到力的存在。在这种非对称振动作用下，人不感知弱加速度，而会在强加速度的方向上感觉到力。

生成上述非对称振动常用到小型音圈电机。音圈电机常用到非对称驱动电流。产生这种牵引力错觉的刺激条件尚不明确，仍需要今后进一步研究。但如果可以任意生成牵引力错觉，则无需设置装置，有望实现小型刺激生成装置，因此这种错觉很有研究价值，今后的动向值得关注。

第3章
机器人三轴触觉
传感器设计

3.1 原 理

3.1.1 基本结构

既然触觉信息是物体和传感器之间通过接触而产生的物理现象，那么我们希望触觉传感器能够尽可能准确地测量接触的物理现象。下面我们从连续体力学角度进行说明。Cauchy原理认为内力（应力张量）和外力（表面力）相互平衡[65]。如图3.1所示，设表面的微小变化ds的平面方向的单位矢量为v_i，应力张量$\sigma_{ij}(i, j = 1, 2, 3)$的第一个和第二个下标分别表示平面方向和力的作用方向，则应力矢量T_j如下：

$$T_j = \sigma_{ij}^{\mathrm{T}} v_i \qquad (3.1)$$

其中，T表示转置。式（3.1）适用爱因斯坦求和约定，即出现一组相同下标时，则对下标求和。对式（3.1）中下标i的取值范围求和，则：

$$T_1 = \sigma_{11}^{\mathrm{T}} v_1 + \sigma_{21}^{\mathrm{T}} v_2 + \sigma_{31}^{\mathrm{T}} v_3 \qquad (3.2)$$

$$T_2 = \sigma_{12}^{\mathrm{T}} v_1 + \sigma_{22}^{\mathrm{T}} v_2 + \sigma_{32}^{\mathrm{T}} v_3 \qquad (3.3)$$

$$T_3 = \sigma_{13}^{\mathrm{T}} v_1 + \sigma_{23}^{\mathrm{T}} v_2 + \sigma_{33}^{\mathrm{T}} v_3 \qquad (3.4)$$

由式（3.2）~式（3.4）可知，虽然内部需要测量9个应力张量成分（根据应力的对称性，实际有6个独立成分），但测量表面时只需要3个应力张量成分，即三轴测量就足够了。因此如果想让设计的触觉传感器能够滴水不漏地测量接触的物理现象，理论上只能测量所有应力张量成分[66]或者测量三轴应力张量。本书取后者，称这种触觉传感器为三轴触觉传感器。

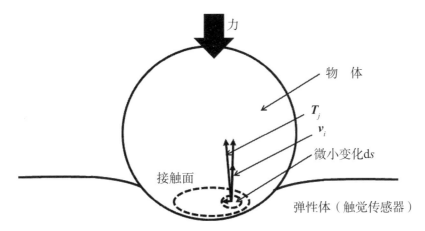

图3.1 Cauchy应力原理

2.2节中，我们已经介绍了当下的各种触觉传感器原理。每种原理都有其优缺点，尚不存在某种范式原理，因此人们才做了如此之多的尝试。所以判断各种原理的重点所在就显得尤为重要。

本书着眼于三轴化的发展方向和抗冲击性、贴合性，选择以2.2.6节中介绍的谷江等人的光波导型触觉传感器作为基本原理。当时，研究人员通过感光晶体三极管的阵列来获取触觉图像，而近年来随着CCD摄像机和CMOS摄像机的小型化、高精确度的发展，我们可以用摄像机代替感光晶体三极管。

下面我们根据图3.2对2.2.6节介绍的原理进行说明。光线从透明板的边缘处射入后，在透明板上进行全反射的同时进入板内。从上方的橡胶垫加压后，橡胶垫和透明板相互接触。接触部分发生漫反射，以图像的形式测量物体和橡胶垫之间的接触情况。这时光的分布可由小型摄像机来拍摄。透明板中光的传递类似于光波导，因此这种触觉传感器叫作光波导型触觉传感器。

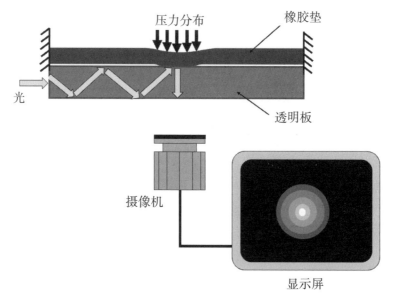

图3.2　光波导型触觉传感器的原理

光波导型触觉传感器有三个优点：

（1）物体和传感面的接触位置与摄像机可以保持间距，因此可以防止传感器部分受到接触带来的冲击力或负载过重。例如，半导体式传感器的传感器部分与物体之间只有一层薄薄的皮肤橡胶，使用时容易损伤传感器。

（2）橡胶垫本身可以作为传感器，与对象物体贴合性较好。

（3）研究橡胶垫表面的凹凸形状有利于实现三轴化。

3.1.2　光分布——力转换

光波导型触觉传感器的基本原理是通过橡胶垫和丙烯板的接触将产生的光的分布情况转换为力。常用的橡胶垫内侧有圆锥状突起。笔者的传感器也基本采取内侧有凸起的形式。如果没有突起，加压时会导致橡胶垫粘住丙烯板。因加压而被压扁的圆锥突起为了恢复原状，会产生一种力，便于丙烯板和橡胶垫之间的空隙恢复到加压前的状态。

圆锥状突起还有另一个作用，就是使圆锥突起的接触面积S与作用力F之间的关系表现为线性。当然，橡胶材料本身具有非线性特性，圆锥突起的尖端被压扁，则必然导致较大的变形，几何学上呈非线性。假设微小变形下橡胶材料是各向同性线性弹性体，则下式成立：

$$F = kS \qquad\qquad (3.5)$$

其中，k是比例常数。我们将在后面详细说明，在上述假设基础上，圆锥突起和刚体平面的接触能否用式（3.5）来表示。

先通过校准试验求出k，就可以通过CCD摄像机等测量接触面积，用式（3.5）计算出作用力F。

3.1.3　圆柱-圆锥触头型

为了使光波导型触觉传感器作为三轴触觉传感器发展，笔者提出了图3.3中

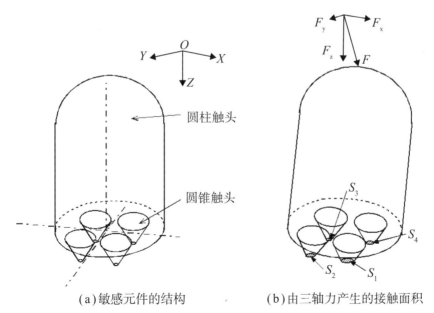

（a）敏感元件的结构　　　　（b）由三轴力产生的接触面积

图3.3　圆柱-圆锥触头型传感器元件

的圆柱–圆锥触头型传感器元件[67, 70]。作用在圆柱触头尖端的三轴力的垂直力和剪切可以通过圆锥触头和透明板之间的接触图像获取。垂直力和剪力可以通过它们各自的四个接触面积的和与差来计算。

研发之初设置了4个圆锥触头，如图3.3所示，参考了通过差运算求中心位置的四分型位置灵敏探测器（position sensitive detector，PSD）。当时我们期待研发出四分型PSD阵列后，能够代替摄像机实现轻薄化。

四圆锥触头型的触头部分如图3.3所示。只施加垂直力时，四个接触面积相等。同时施加剪力时，如图3.3(b)所示，四个接触面积不相等。设接触面积为S_1、S_2、S_3、S_4，则作用于圆柱触头尖端的三轴力F_x、F_y、F_z计算如下：

$$F_x = \frac{dk}{l}(S_1 - S_2 - S_3 + S_4) \tag{3.6}$$

$$F_y = \frac{dk}{l}(-S_1 - S_2 + S_3 + S_4) \tag{3.7}$$

$$F_z = k(S_1 + S_2 + S_3 + S_4) \tag{3.8}$$

其中，d是圆锥触头的孔距；l是圆柱触头的尖端和旋转中心的间距。

推导出式（3.6）～式（3.8）的步骤如下：首先用式（3.5）求出四个圆锥触头产生的反作用力，然后根据y轴和x轴的力矩平衡推导出式（3.6）和式（3.7），最后根据z轴方向上的力的平衡推导出式（3.8）。

近年来，我们为了提升精确度采用了8圆锥触头型[71, 72]。起初的敏感元件阵列为片状，但为了使用方便，现在采用独立的敏感元件，以便排列为半球状，安装在多指机器手的尖端。半球型三轴触觉传感器如图3.4所示，含有41个敏感元件，插入铝合金圆顶半球壳的41个孔内。这种铝合金圆顶能够防止敏感元件之间互相干扰。

上述圆柱触头–圆锥触头型的最终形态为曲面，敏感元件之间互不干扰，但是元件形状相对复杂，很难实现小型化。但如果限制为圆锥触头，则能够通过放电加工或蚀刻制造更小型的圆锥触头阵列。下一节我们将讲解基于这项技术开发出来的触头移动型。

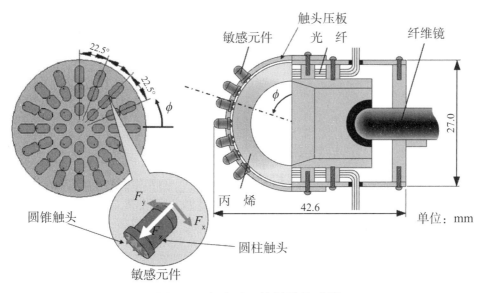

图3.4 半球型三轴触觉传感器

3.1.4　触头移动型

图3.5中的微三轴触觉传感器[73]的触头间距为600μm。传感器采用了上文中提到的光波导型触觉传感器结构，即尽可能简化结构，以实现小型化。不足之处用图像处理软件技术来弥补。本软件能够计算所需的辉度值和灰度分布的水平方向移动量，以获得垂直力分布。在亮点追踪中采用二值化、分类、各领域的重心计算等图像处理方法。

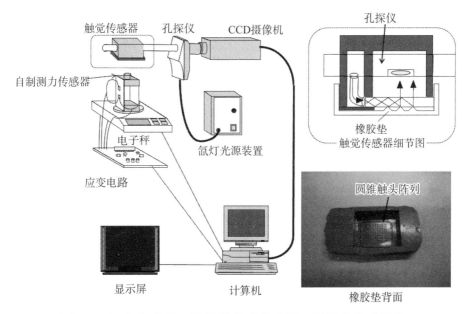

图3.5 触头移动型三轴触觉传感器（微三轴触觉传感器）

近年来，采用LIGA（lithographie galvanoformung abformung）技术成功将触头间距缩短到80μm，改良仍在持续进行，例如在图像处理方面，通过光流追踪对应点等[74]。

3.1.5　CT型

如前文所述，只要采用光波导型触觉传感器原理，就很难实现轻薄化。为了弥补这一缺陷，我们不从接触面的正下方拍摄图像数据，而是从透明薄板的侧面拍摄。这种方法要用到计算机断层扫描（computer tomography，CT）算法，即将一端传送信息、另一端接收信息的关系逐步旋转，从而积累多方向数据，在收集180°数据之后，通过重组运算得到平面内的压力分布。这种基本概念是川岛等首次提出的[75]。

川岛等的方法是根据CT算法中的r-θ法而来的，局限于圆形范围内。而笔者等为了不在机器人的皮肤上限制范围，设计了利用CT算法适应任意突起范围的触觉传感器[76,77]。如图3.6所示，这种传感器不利用光的反射，而是通过测量射入光的减光量，计算射入光和减光量的比，从而推测透明板和橡胶垫之间的接触面积。因此光源并非可视光，而是红外线，并选用能够充分吸收红外线的黑色橡胶垫。

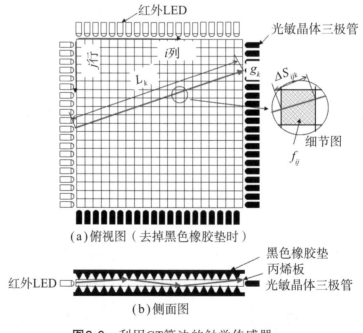

（a）俯视图（去掉黑色橡胶垫时）

（b）侧面图

图3.6　利用CT算法的触觉传感器

图3.6(a)是本传感器的俯视图，采用红外LED和光敏晶体三极管阵列（设横边和竖边的数量分别为m和n）。依次点亮红外LED，用光敏晶体三极管测量传

递到透明板两边的红外线光量 $g_k[k = 1, 2, \cdots, (m+n)^2]$。透明板上显示出的矩形区域表示虚拟单元。设虚拟单元内光的吸收系数 f_{ij}（减光量与射入量的比：$i = 1, 2, \cdots, m; j = 1, 2, \cdots, n$）为未知数，吸收系数与单元受到的加压量成正比。设发光二极管 p 和光敏晶体三极管 $q(p, q = 1, 2, \cdots, m+n)$ 为一组，则有 $(m+n)^2$ 组。虚拟单元的数量为 $m \times n$，则扫描一次可得到 $(m+n)^2$ 个未知数为 $m \times n$ 个吸收系数 f_{ij} 的线性代数方程。因为 $m \times n < (m+n)^2$，所以解这个方程数多于未知数的联立方程，就可以计算出吸收系数的分布，由此可以得到加压力分布。

我们成功地计算出了压力分布。结合上文中的触头移动型，有助于发展三轴触觉传感器。

3.2 触头设计

3.2.1 接触变形解析

本传感器的基本要素——圆锥触头的形状如图3.7(a)所示。圆锥顶点角度为 $90°$，底面直径为 $2a$。为便于设计，下面我们来讨论图3.7(a)中的圆锥触头的顶点和刚体平面的接触问题。

圆锥触头和刚体平面的接触问题需要进行三维解析。三维问题中能够得到解析答案的案例极少，也未涉及三角棱柱弹性体的边与刚体平面的接触问题。因此本书不考虑图3.7(a)中的接触问题，而是用图3.7(b)中将楔子压入弹性体的方式作为替代方案。

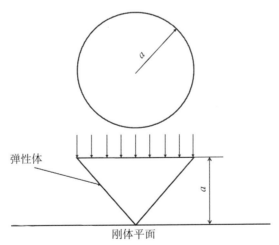

（a）圆锥触头和刚体平面的接触问题

图3.7 接触变形解析

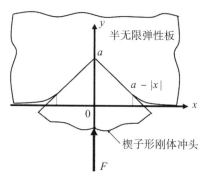

（b）楔子形刚体冲头的接触问题

续图3.7

图3.7(b)是根据弹性解析求半无限弹性体-楔子形刚体冲头的接触问题[78]。这是对冲头嵌入半无限体的解析，因此需要注意，即使受到的载荷相同，嵌入深度也会小于前者的圆锥突起被压扁的高度。从弹性学角度看，楔子90°压入半无限弹性体时，线荷载f(N/mm)和a(mm)的关系如下式所示：

$$f = \frac{2Ea}{\pi(1-v)^2}\int_{-1}^{1}\cosh^{-1}\left|\frac{1}{\eta}\right|\mathrm{d}\eta \tag{3.9}$$

其中，E和v分别是杨氏模量和泊松比。

上述弹性学的解是在假设二维平面应变问题的前提下得出的解，所以线段a是与面积S成正比的函数。由式（3.9）可知，线荷载f和接触面积S成比例。

对式（3.9）中的定积分进行数值积分可以得到下式：

$$\int_{-1}^{1}\cosh^{-1}\left|\frac{1}{\eta}\right|\mathrm{d}\eta \cong 3.17 \tag{3.10}$$

笔者等人的触觉传感器常用的硅胶的杨氏模量$E = 0.62$MPa，泊松比$v = 0.5$，将式（3.10）的定积分值代入式（3.9），因底面直径相当于2mm的楔子的接触投影面积为$4a = S$(mm^2)，所以楔子形刚体冲头的接触问题如下式：

$$F = 0.43S \tag{3.11}$$

式（3.11）表示半无限弹性体-楔子形刚体冲头的接触问题，用它代替弹性圆锥突起-刚体平面的接触问题时，比例系数会发生变化。

不通过解析解，而是作为弹性圆锥突起-刚体平面的接触问题，用数值模拟的有限单元法（FEM）进行轴对称问题的接触变形解析，可得到图3.8。根据此图可求出

$$F = 0.21S \qquad\qquad (3.12)$$

综上所述，为了得到与将楔子压入弹性体相同的接触面积，需要更大的力。而且圆锥和楔子也有区别，形状的差别也表现为二者的比例系数的差。结果表明，将楔子形冲头压入弹性体与圆锥接触弹性体顶点约有2倍的差。

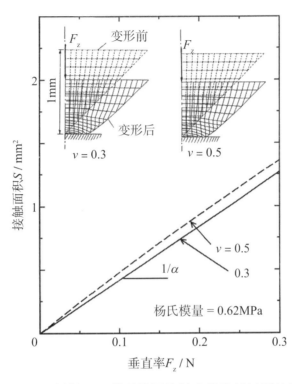

图3.8 根据FEM得到的圆锥触头的接触问题的解

顶点角度为90°、杨氏模量为 $E = 0.62\text{MPa}$ 的材料制成的圆锥顶点压入刚体平面的情况下，式（3.12）成立。在圆锥顶点角度为90°时，只要考虑杨氏模量的比即可。例如，材料的杨氏模量为3倍时，系数将由0.21变为0.63。

3.2.2 有限单元法的触觉传感器设计

圆柱-圆锥触头型的设计中，为了确认能够分别测量三轴力，我们通过有限单元法软件ABAQUS进行了图3.9中的计算模型解析[79]。这种触觉传感器的设计重点是选择硬材质的圆柱触头和软材质的含圆锥触头的橡胶垫。它的原理是尖端受到剪力，圆柱触头以根部为中心旋转，圆柱触头底面的圆锥触头受到不平衡的压缩力，从而测量施加的剪力。因此感受力矩的手柄材料偏硬，以防圆柱触头发生明显形变。而橡胶垫则偏软，否则会导致周围的触头变形。

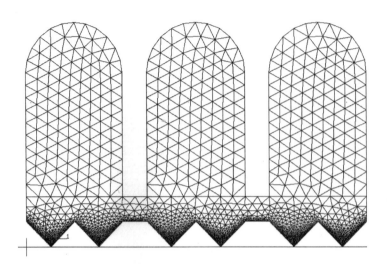

图3.9　圆柱–圆锥触头型三轴触觉传感器的计算模型

橡胶材料具有非线性特征，虽然它原本不是各向同性线性弹性体，但为了便于计算，此处假设它为各向同性线性弹性体。含圆柱触头和含圆锥触头的橡胶垫的橡胶杨氏模量分别为3.1MPa和0.62MPa。变形解析的算法属于有限变形问题，在几何学非线性的基础上进行计算。解析模型为二维，假设平面应变。

同时施加垂直力和剪力时计算出的接触变形状态如图3.10所示。从图上可以看出，左右圆锥触头的接触面积不同，符合设计预期。

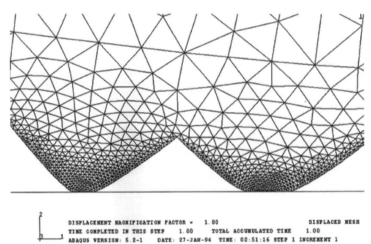

图3.10　圆柱–圆锥触头型三轴触觉传感器的FEM解析结果中的圆锥触头变形状态

在各种垂直力条件下进行相同的解析，将式（3.6）右边括号内容作为x方向的差面积A_x，式（3.7）右边括号内容作为y方向的差面积A_y，式（3.8）右边括号内容作为和面积A_z，整理得到

$$S_1 - S_2 - S_3 + S_4 \equiv A_x \tag{3.13}$$

$$- S_1 - S_2 + S_3 + S_4 \equiv A_y \tag{3.14}$$

$$S_1 + S_2 + S_3 + S_4 \equiv A_z \tag{3.15}$$

根据计算结果，x方向差面积A_x和剪力F_x的关系整理如图3.11所示。从图上可知，$F_x = 1N$的结果与其他相差较大，但在其他垂直载荷条件下，A_x–F_x的关系基本相同。

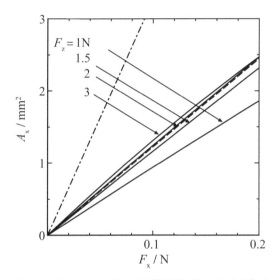

图3.11 差面积与剪力的关系（实线表示模拟结果；点划线表示用式（3.12）的系数，通过式（3.6）计算差面积的结果；虚线表示重新定义水平方向专用的系数，通过式（3.6）计算差面积的结果）

垂直力条件不变，得到的和面积A_z与剪力F_x的关系如图3.12所示，各种垂直力条件下，A_x–F的关系几乎都是水平的。而且水平间距与施加的垂直力值的比相似。上述内容表明可以通过差面积计算出剪力。

接下来将式（3.12）的系数$k = 0.21N/mm^2$、$l = 7mm$、$a = 1mm$代入式（3.6），可以计算出式（3.13）的差面积A_x，如图3.11中的点划线所示。从图3.11中可以看出，点划线的结果与其他实线的结果大相径庭。这是因为式（3.6）是单独对圆锥触头进行接触解析，而本解析针对的是三个圆柱触头的连续解析。相邻触头通过橡胶垫相连，所以剪力无法显著影响差面积的变化。但除了用于计算垂直力的系数k之外，如果重新定义用于计算剪力的系数k，就能够更好地表现计算结果。在水平和垂直方向上分别定义专用系数并重新计算，结果如图3.11和图3.12中的虚线所示。虚线和实线的关系相符，因此可以通过式（3.6）~式（3.8）对剪力和垂直力进行高精确度计算。

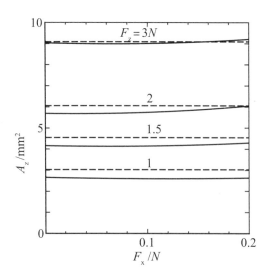

图3.12　和面积与剪力的关系（实线表示模拟结果；虚线是通过式（3.8）计算的结果）

　　下面我们来讲解有限单元法的设计对触头移动型也同样有效[73]。触头移动型如上文中的图3.5所示，硅胶垫背面设计为圆锥形突起的阵列。这种传感器的特性取决于圆锥形突起的接触变形特性和受到剪力时橡胶垫的拉伸压缩方向的变形特性。因此我们用图3.13中的仅有一个触头的模型对这种触觉传感器进行评价。

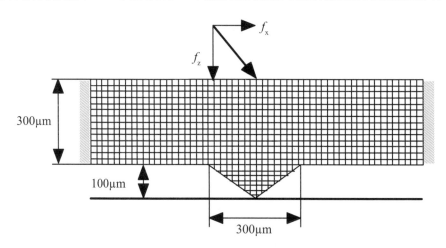

图3.13　触头移动型三轴触觉传感器的有限单元模型

　　用于解析的ABAQUS除接触面的摩擦系数之外，可以使用一种摩擦模型，当接触面产生的剪切应力超过剪切应力限值时，它能够在刚体接触面上滑动，本解析也使用了这种摩擦模型。设摩擦系数为1.0，剪切应力限值应由实验决定，我们假设为0.098MPa，圆锥形突起的底面直径和高分别为600和300μm，橡胶垫的厚度为300μm，橡胶垫两端进行刚固定。

我们对各种施加垂直力的状态进行解析。触头的重心移动量和剪力的关系如图3.14所示。

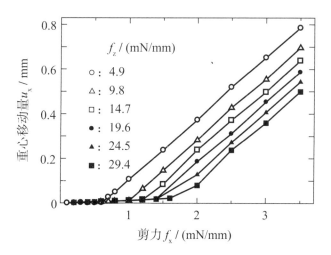

图3.14 有限单元解析得到的触头移动型三轴触觉传感器的特性

由图3.14可知，剪力偏小时，倾斜度极小。超过某一点的剪力后，倾斜度突然增大。这种特性完全符合上文中的摩擦模型的动作。当剪力小于某个临界值时，摩擦系数和垂直力能够决定最大静摩擦系数，所以图3.14中上述弯曲点的横坐标值随垂直力的增加而增加。上文中探讨的动作符合下文中观察到的实验结果，证明有限单元法的模拟对设计有效。

3.2.3 接触面积与辉度值的积分值

如上文所述，光波导型触觉传感器的垂直力探测的基本原理是圆锥突起的接触面积与施加的垂直载荷成正比。为了计算接触面积，需要设定辉度值的阈值，如果超过阈值，则判断为接触，计算超过辉度值阈值的像素数并导出面积。但进行这种处理时，需要将半色调中获得的辉度值转换为0和1的信息，浪费了采集的信息。那么怎样才能充分利用辉度值呢？

上述触头移动型能够实现小型化，因此人们不断推进研发，以期将它安装在微型机器人身上。这就需要尽可能缩小圆锥形突起。制作精密圆锥形突起有很多方法，当时人们采用了铸模加工配合精密放电加工，但众所周知，放电加工产品的金属表面粗糙度较差。也有人逆转放电电极的极性，将放电电极作为加工物，用不锈钢板的倒角面通过放电加工将电极尖端加工为圆锥形后，将电极的极性恢复原状，用圆锥形的尖端通过放电在板表面形成圆锥形的孔[80]。

上述电极无二次加工形成的圆锥孔和有二次加工形成的圆锥孔的横截面形

状如图3.15所示。有二次加工的图3.15(b)更接近圆锥形，但尖端不是标准的圆锥形。

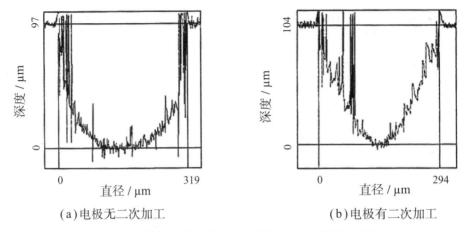

（a）电极无二次加工　　　　　　　　　（b）电极有二次加工

图3.15　激光显微镜测量的圆锥触头的横截面形状

测量图3.15的形状后代入形状数据进行模型试验的结果如图3.16所示。此模型为三维模型，由于呈轴对称，实为1/4模型。

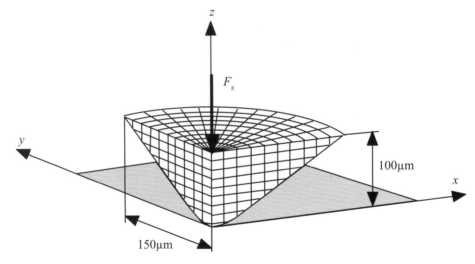

图3.16　圆锥触头的三维有限单元模型（1/4模型）

用此模型对刚体平面进行接触变形解析，得到的接触压力分布的结果如图3.17所示。

实验求得的辉度值分布如图3.18所示。图3.17和3.18的轮廓在圆锥的中心位置附近基本一致。

根据图3.17和3.18的结果重新整理接触压力和辉度值的关系如图3.19所示。从图中可知，二者的关系成正比。

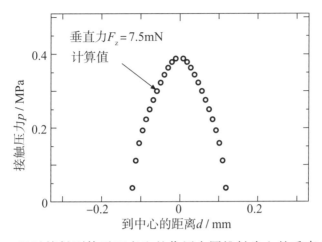

图3.17 通过接触刚体平面产生的作用在圆锥触头上的垂直力分布

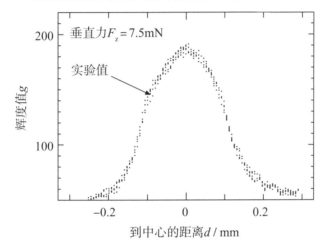

图3.18 圆锥触头接触丙烯板产生的辉度分布

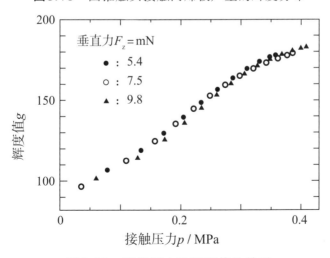

图3.19 接触压力和辉度值的关系

摩擦学已从理论上证明了实际接触面积与表面压力成正比[81]。宏观上的接触面积和实际接触面积之间有出入，所以如果辉度值与实际接触面积成正比，则用辉度值代替式（3.3）中的S能得到更好的线性。

我们对触觉传感器施加垂直力，通过得到的图像数据计算接触面积和辉度值的积分值，研究施加的垂直力和它们的变量之间的关系。结果图如3.20所示，可以一眼看出，F与G比F与S的线性更好。因此在下文的探讨中，我们用下式代替式（3.3），根据辉度积分值计算力：

$$F = \tilde{k}\,G \equiv \tilde{k} \iint\limits_{S} g\mathrm{d}S \tag{3.16}$$

其中，g、G和k分别表示各像素的辉度值、积分值和实验中得出的比例系数。

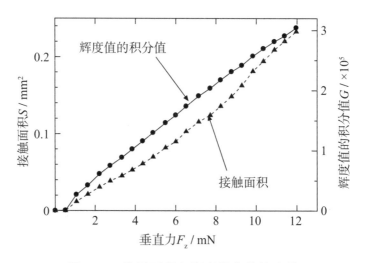

图3.20　接触面积和辉度积分值的比较

后续研究表明，式（3.16）不仅对触头移动型三轴触觉传感器有效，对圆柱-圆锥触头型三轴触觉传感器也有效。下文中介绍的实验结果就是通过使用式（3.16）来调整垂直力的。而且重心移动量不是所谓的图心移动量，而是作为辉度重心的移动量计算得出的。

3.3　软件设计

3.3.1　处理流程

本触觉传感器以图像解析为基础。包括本触觉传感器在内，大多数图像解析通过观测、预处理、解析三步获得触觉数据。

首先是观测阶段，通过摄像机拍摄图像。获得的图像数据被称为输入图案，储存在计算机内存中。

由于种种原因，内存中储存的输入图案并不清晰，混有噪声，因此需要在解析前通过预处理消除噪声。预处理能够协调图像，消除噪声。背景处理之后的分类处理情况如图3.21所示。分类指的是按区域编号的方法，用于后期处理时辨别区域。预处理有许多方法，可以适当使用。

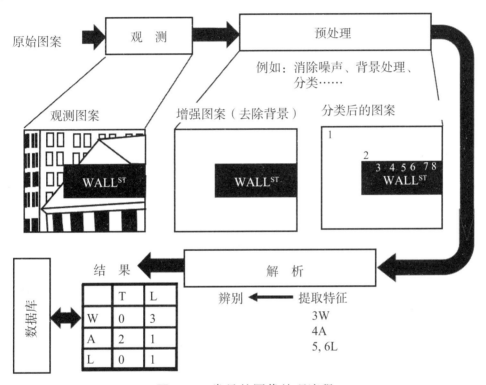

图3.21　常见的图像处理流程

预处理之后进行解析。识别的情况下，从分类后的图案中挑选有兴趣的部分图案，提取特征量。图3.21的示例中，文字的T部分和L部分的个数被作为特征量提取出来。接下来可以与数据库进行比较并识别。

3.3.2 OpenCV

OpenCV是由Gary Bradski等在Intel开发并发布的开源计算机视觉软件库，其目的在于促进计算机视觉研究，现在由Willow Garage提供支持。笔者等人的触觉传感器在图像处理观测、预处理、解析各阶段都使用OpenCV的软件库。

基本流程如图3.22所示[82]。首先使用cvCaptureFromCam获取拍摄图像。获取的拍摄图像通过获取当前框架的函数cvQueryFrame移至框架。读取的图像通过函数cvShowImage呈现于指定窗口。因此需要事先通过cvNamedWindow对窗口进行定义。

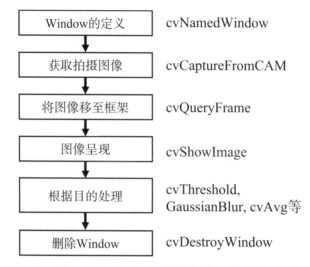

图3.22　OpenCV的图像处理流程

读取的图像含有噪声等，需要使用以下函数进行消除。平滑滤波器是一种常用的降噪方法，其代表性的函数有blur、GaussianBlur（高斯滤波）、medianBlur（中值滤波）、bilateralFilter（双边滤波）等。其中blur利用箱式滤波平滑图像，运行速度极快；GaussianBlur利用高斯滤波平滑图像，需要适度模糊时使用；medianBlur利用中值滤波平滑图像，对椒盐噪声等突发性噪声十分有效；bilateralFilter的过滤较平稳，保留边缘部分，所以适用于探测边缘的预处理。

下面简单介绍本触觉传感器的图像处理相关的OpenCV结构体和函数：

· CvCapture：用于捕获视频的结构体。

· CvPoint2D32f：用浮点型表示二维坐标上的点的结构体，通常以0为基点。

· CvTermCriteria：表示迭代算法终止基准的结构体。

· CvScalar结构体：用OpenCV的许多函数提取自变量的结构体，排列为最多可存放4个数值的double型。

· cvCaptureFromCam：对从摄像机读取视频流的结构体CvCapture进行捕获和初始化。

· cvIntifont：对字体结构体进行初始化。

· cvNamedWindow：生成用于呈现图像的简单命名窗口。

· cvCaptureFromCAM：使摄像机的捕获有效化。

· cvQueryFrame：获取当前框架。

· cvShowImage：呈现图像。

· cvCvtColor：将输入图像从一个色彩空间转换为另一个色彩空间的函数，此处用于将彩色图像转换为灰色标度。

· cvThreshold：用固定阈值将输入的灰色标度图像二值化的函数。此函数通常用作轮廓提取之前的基本操作，此处用于计算接触面积。

· cvSetZero：进行排列单元清零的函数，此处用于清空结果图像。

· cvAvg：计算排列单元平均值的函数，用于计算辉度值的平均值。

· cvReleaseCapture：释放被cvCaptureFromCAM捕获的CvCapture结构体。

· cvDestroyWindow：删除指定名称的窗口。

3.3.3 重心计算

圆柱–圆锥触头型和触头移动型的原理是通过丙烯板和橡胶之间的接触面的移动测量剪力。大多数情况下，检查区域内只需要对一个重心位置进行评价。

圆柱–圆锥触头型采用一个敏感元件对应一个检查区域的方式。为实现这一目的，我们利用了OpenCV的一个功能——Region of Interesting（ROI）区域。ROI表示为窗口内的矩形区域。

图3.23是圆柱–圆锥触头型中的ROI区域。下文会说到，圆柱–圆锥型有41个敏感元件，每一个都分别设有ROI区域。

每个ROI领域内都通过OpenCV的函数计算重心位置。

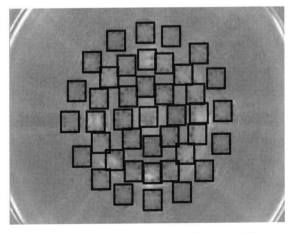

图3.23 圆柱–圆锥触头型的ROI区域

3.3.4　光流（optical flow）

指尖这样的小面积上，触头移动型的两点不会发生接触，但是手掌大小的面积上就很容易产生多个接触点。这时只靠上述重心计算无法得出正确的剪力。

而光流是用于从背景中提取运动物体的图像处理技术。将这种图像处理法用于触头移动型，即便有多个接触点也能够求出相对于每个接触面的移动量，所以我们就采用这种方法。接下来我们对光流进行简单的讲解。

光流指的是获取两个图像框架中的各像素的运动情况的图像处理法。为便于理解，我们设辉度分布$I(x, y, t)$在Δt秒后变为$I(x+\Delta x, y+\Delta y, t+\Delta t)$。假设二者的辉度分布相同，即

$$I(x,y,z) = I(x + \Delta x, y + \Delta y, t + \Delta t) \tag{3.17}$$

对右边泰勒展开，则

$$
\begin{aligned}
I(x,y,z) &= I(x + \Delta x, y + \Delta y, t + \Delta t) \\
&= I(x,y,z) + \frac{\partial I}{\partial x}\Delta x + \frac{\partial I}{\partial y}\Delta y + \frac{\partial I}{\partial z}\Delta t
\end{aligned}
\tag{3.18}
$$

将式（3.17）带入（3.18），则

$$\frac{\partial I}{\partial x}\frac{\Delta x}{\Delta t} + \frac{\partial I}{\partial y}\frac{\Delta y}{\Delta t} + \frac{\partial I}{\partial t} = 0 \tag{3.19}$$

上式可简写为

$$I_x v_x + I_y v_y = -I_t \tag{3.20}$$

对式（3.20）求解可以得到光矢量(v_x, v_y)。但是方程数量不足以解式（3.20），因此我们采用Lucas-Kanade法假设相邻的点做相似运动，从而增加方程数来解题。即假设n个点做相似运动，用(i)表示第i个点的系数，则

$$
\begin{aligned}
I_{x(1)}v_x + I_{y(1)}v_y &= -I_{t(1)} \\
I_{x(2)}v_x + I_{y(2)}v_y &= -I_{t(2)} \\
&\vdots \\
I_{x(n)}v_x + I_{y(n)}v_y &= -I_{t(n)}
\end{aligned}
\tag{3.21}
$$

将式（3.21）用行列表示，则

$$\boldsymbol{Av} = \boldsymbol{b} \tag{3.22}$$

流矢量(v_x, v_y)通过最小二乘法计算如下：

$$v = (A^\mathrm{T}A)^{-1}\, b \qquad\qquad （3.23）$$

Lucas-Kanade法可以通过图像金字塔获得更精确的解。依次将图像压缩至 1/2、1/3、1/4……并排列成金字塔状。小图像更容易满足对式（3.23）求解的条件。从最小的图像开始，叠加前一个小图像的解可以求出下一个较大图像的解，按照此顺序求解，最终可以得到完整尺寸的图像的解。

3.4 评价装置的设计

3.4.1 评价项目

触觉传感器和力传感器的差别在于前者的测量对象的作用力为分布型，后者为一点型。力传感器的评价项目如下：

（1）力的测量精确度。

（2）线性。

（3）滞后现象。

（4）响应速度。

（5）动态范围。

（6）力的测量范围。

（7）灵敏度/精确度的位置依赖性。

三轴触觉传感器不仅要对简单的压力分布，还要对沿传感面直交的两个方向的剪力进行上述（1）~（7）项的性能评价。

随着产业界开始使用触觉传感器，评价方法也需要标准化，但现在时机尚未成熟。可以预见，三轴触觉传感器也会紧随其后。但为了掌握今后此领域的国际主动权，我们有必要现在就着手制定评价标准。

3.4.2 评价装置的机器结构

触觉传感器的特性评价本质上是施加已知载荷，测量由此产生的输出信号。因此机器结构必须能够同时施加载荷并测量。

如果对精确度要求较高，可以使用砝码等施加静载荷，但这会带来一个问题，就是移动载荷施加点并收集数据比较费时。

因此可以采用电机驱动的自动载物台来施加载荷，这样一来，计算机便于控制，有望在收集数据阶段实现自动化。

使用自动载物台施加载荷时，需要评价发生的载荷值，所以需要力传感器。三轴触觉传感器不仅要测量单轴方向的力，还要同时测量剪力。力传感器分为测量三轴力的力传感器和同时测量三轴力与力矩的力传感器。多轴力传感器即可满足要求，但有时测量数据中会混入噪声，所以我们一直使用数显测力计。

数显测力计为单轴，测量双轴特性时一般使用下述三种方法：

（1）另制小型剪力传感器，并搭载在数显测力计上。

（2）使载荷倾斜，同时产生垂直力和剪力并施加在传感器上。

（3）研究垂直力和辉度值的关系，校准垂直载荷之后获得剪切方向的特性。

3.4.3　评价装置的设计实例

我们首先来看设计并制作小型剪力传感器以测量剪力，并搭载在数显测力计上的方法。

参考文献［27］中有详细说明，测量剪力常用到平行板型测力传感器。笔者等人采用这种方式作为触头移动型微三轴触觉传感器的评价试验的传感器。将这种自制测力传感器用作应变转换器，如图 3.5 所示。在测力传感器尖端施加剪力后，传感器水平方向移动，平行板上分别产生两处压缩和拉伸的最大应变位置。对这 4 处采用 4 个应变计，组成惠斯通电桥，即可测量剪力。这种方法被称为四臂法，可以去除温度对应变计带来的拉伸，无需温度补偿。这里需要注意，输出是通常单臂法的四倍。图 3.5 中用电子天平测量垂直力，这种电子天平搭载了类似 RS232C 的界面，可以储存数据。通过组合使用电子天平和自制剪力传感器可以测量高精确度的二轴力。

参考文献［27］还提到，图 3.24 中开两个孔相连的结构能够获得与平行弹簧相同的结果。如果测量时间足够短，也可以忽略温度变化带来的漂移，所以我们采用单臂法，制作图 3.24 中的小型剪力传感器并搭载于数显测力计上进行实验。

接下来我们介绍使载荷倾斜，同时产生垂直力和剪切力并施加在传感器上的载荷装置的设计方法。设计实例如图 3.25 所示，倾斜传感器，使敏感元件的轴方向和载荷方向之间产生角度差，并施加载荷。本装置由 X-Y 工作台、两个旋转工作台、z 方向自动工作台等组成。z 方向自动工作台搭载数显测力计，数显测力计的探针尖端接触三轴触觉传感器的传感器元件的尖端。使 z 方向自动工作台下降，可以对传感器元件施加载荷。两个旋转工作台之一与三轴触觉传感器的轴方向一致。另一个旋转工作台上，传感器的半球形中心与旋转中心一致，可以在 $0 \sim 90°$ 内任意设定载荷方向和传感器元件的轴方向之间的角度。通过调整 $X–Y$ 工作台和两个旋转工作台，可以向所有41个敏感元件施加载荷。

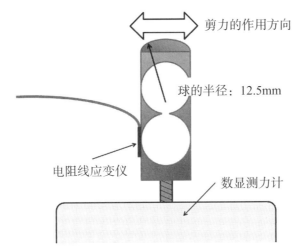

图3.24 自制用于测量剪力的测力传感器

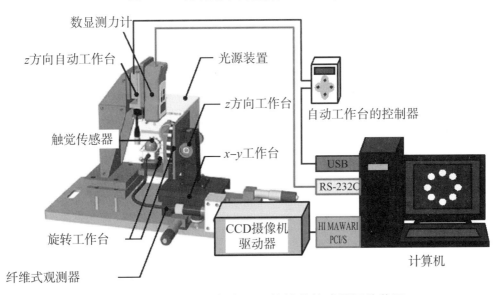

图3.25 圆柱–圆锥触头型三轴触觉传感器评价装置

最后介绍的方法是研究垂直力和辉度值的关系，校准垂直载荷之后获得剪切方向的特性。这种方法基于过去的实验结果，前提是光波导型触觉传感器的垂直力-辉度值的关系不受剪力的影响。因此垂直力传感器可以信任触觉传感器的输出值并对剪力进行校准。

用这种方法进行剪力检测试验的情景如图3.26所示。采用图3.25中的装置进行实验。实验中用于校准对象的触觉传感器是3.5节中详细介绍的食指型三轴触觉传感器。前提是校准垂直力-辉度值关系之后再进行图3.26的剪力实验。

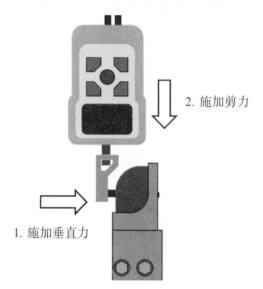

图3.26　食指型三轴触觉传感器的剪力探测实验

实验步骤如下：

（1）测量辉度值，同时调整施加的垂直力。

（2）移动z方向自动工作台，施加剪力。

（3）用数显测力计测量产生的剪力，求出剪力-重心偏移量。

3.5　触觉传感器的设计实例

3.5.1　传感器结构

本节将介绍若干设计实例。首先讲解圆柱-圆锥触头型传感器。这种传感器的正面图和横截面图如图3.4所示。传感器由铝制半球圆顶、半球丙烯圆顶、光纤、纤维式观测器和硅胶敏感元件组成。敏感元件安装在铝制半球圆顶中的41个孔内。从正面图可以看出，敏感元件为同心圆布局。光纤连接外部光源装置，光从半球丙烯圆顶的侧面射入。

上述敏感元件如图3.27所示。图3.27中的元件的尖端为半球状，由它们接触对象物体。底面的8个圆锥形突起排列为等间距的圆形，尖端连接丙烯半球。

此外，底面的圆锥形凹陷部分的作用是在垂直力过大时防止半球丙烯圆顶接触底面。

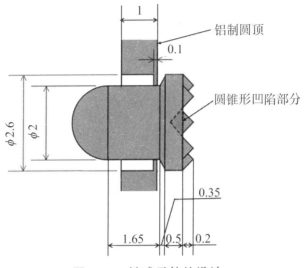

图3.27 敏感元件的设计

敏感元件的尖端接触物体并受到作用力时，丙烯半球连接的圆锥突起会压缩变形。由压缩变形产生的圆锥突起的接触面会出现明亮的光点。纤维镜会拍下这一状态，传送给传感器外部的CCD摄像机，以图像数据的形式输入计算机，计算出三轴力。

这种方式使用的CCD摄像机为外置，因此可以使用高性能设备。对精确度要求较高时可以采取这种方式，但若用于安装在机器人身上的触觉传感器，光纤镜和纤维镜容易阻碍机器人运动，这是它的一大缺陷。近年来，CMOS摄像机正不断地向小型化、低价格化发展。考虑到上述问题，笔者等人正在研发将传感器的主要元器件、摄像机和光源设备组合在同一框架中的一体型触觉传感器。

一体型触觉传感器的结构如图3.28所示[83]。这种设计用橡胶圆顶代替铝制半球圆顶。上述传感器元件嵌入橡胶圆顶上的41个孔内。铝制圆顶的每一个孔都需要机械加工，制作成本较高。用橡胶圆顶代替铝制圆顶，只要做好模具就可以大量复制。

这种触觉传感器中的CMOS摄像机的缺点在于热波动会带来噪声。非专业用途的拍摄不成问题，但作为触觉传感器求力分布时，就不能忽视噪声。图3.29中的"□"表示辉度值的时间变化。由"□"的结果可知含有突发噪声。这种情况下，中值滤波较有效。图3.29中的"◆"表示使用中值滤波的结果。二者相比可以看出，中值滤波消除了突发噪声。

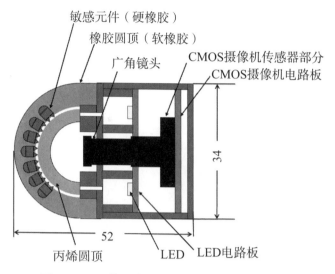

图3.28　一体型触觉传感器的结构

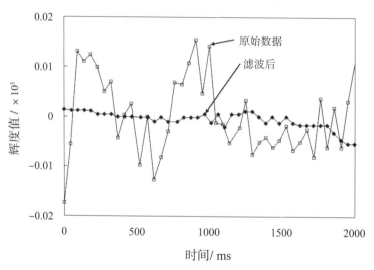

图3.29　中值滤波的效果

接下来我们根据图3.5对触头移动型的代表——微三轴触觉传感器的结构作以介绍。如图3.5所示，这种传感器用侧面观测器将图像数据传输到外部，用CCD摄像机测量接触图案。外接高性能CCD摄像机，具有高探测精确度。但这种传感器需要远远大于传感器主体的图像传感器。近年来，CMOS摄像机已经缩小到火柴头大小，人们正在用这种摄像机开发一体型触觉传感器。设计实例如图3.30所示[84]。

图3.30的设计实例中，这种触觉传感器的优点在于橡胶垫内侧的圆锥形触头是用紫外线辐射加工的模具制作的[74]，微触觉传感器的圆锥形触头直径为

60μm，远远小于直径300μm，排列间距为80μm。与上述放电加工制作的模具相比，圆锥孔表面的粗糙度更高。而且它的形状和尺寸近似于人的食指，有望用于人型机器人。

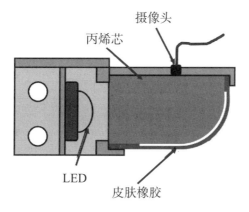

图3.30 食指型三轴触觉传感器

3.5.2 触头的制造方法

本书的触觉传感器的性能取决于硅胶设计。最佳形状和铸模的设计都十分重要。橡胶中间如果有气泡会导致性能恶化，所以设计模具时要尤其注意不能产生气泡。而且液态硅胶注入铸模，形状也要便于凝固后取出。

圆柱–圆锥触头型触头的触突无法一步制作完成，如图3.31所示，第一步将圆锥触头凝固；第二步和第三步分别设置法兰部分和圆柱部分的模具，注入液态

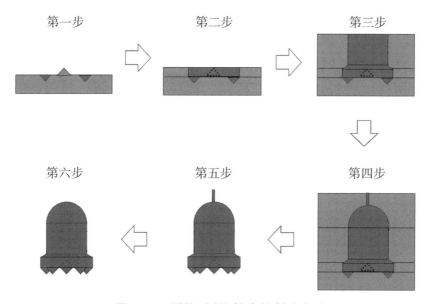

图3.31 圆柱–圆锥触头的制造方法

硅胶并凝固；第四步在半球阴模的孔中间开小孔以排气；第五步用美工刀等取出在空腔中凝固的硅胶成品。

　　下面我们来介绍微三轴触觉传感器的硅胶垫中的圆锥形触头的制作过程。微三轴触觉传感器需要通过放电加工钻细小的圆锥孔。尖端在放电加工过程中容易磨损，加工过程中需多次打磨电极。因此如图3.32所示，需要用45°面打磨台将放电电极加工成圆锥形。这时打磨台的极性设为正极，电极设为负极。

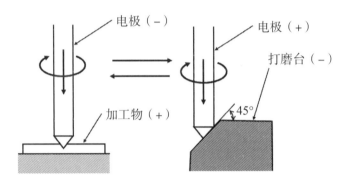

图3.32　电极尖端加工夹具

　　电极加工成圆锥形后，互换极性，在上模表面加工圆锥孔。重复上述步骤，形成圆锥孔的阵列。比较图3.15的(a)和(b)就可以看出这种二次加工的效果。如图3.33所示，向形成圆锥孔阵列的上模和另制的下模中注入液态硅胶，制成图3.5中的微三轴触觉传感器橡胶垫[80]。

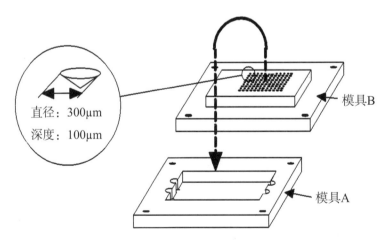

图3.33　微触觉传感器橡胶垫的制作

3.5.3　敏感特性

　　我们先来讲解3.5.1节中介绍的各种触觉传感器的敏感特性[71]。首先，圆柱–圆锥触头型的垂直力特性如图3.34所示。此垂直力特性来自上述图3.25中介绍的实验装置的实验。

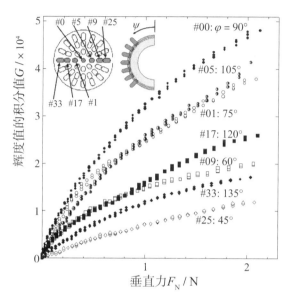

图3.34 圆柱–圆锥型三轴触觉传感器的垂直力特性

触觉传感器特性无法保证所有传感器元件特性相同。这不仅限于本触觉传感器，任何一种原理的触觉传感器都存在这一问题。用图3.25中的实验装置能够测量任意位置的传感器元件特性。测量结果对应的各个传感器元件的垂直力探测特性如图3.34所示。展示总计41个数据过于繁琐，我们仅在图中展示一列传感器元件的数据。坐标值ϕ的测量如图3.34所示。$\phi = 90°$、$105°$和$75°$、$120°$和$60°$、$135°$和$45°$分别对应纬度$90°$、$75°$、$60°$和$45°$。

由图3.34可知，辉度值的积分值随垂直载荷的增加而上升。同纬度上，位置较高的传感器元件整体上输出的辉度值更高。如果纬度相同，输出值基本相同。上述特性可以认为是源自丙烯半球的照明特性。也就是说，光随着光纤射入丙烯半球，纬度越高，光线越集中，在纬度$90°$的位置最亮。因此纬度越高，敏感元件的灵敏度越高。纬度相同时，特性也应该一致，但是有时候特性也显著不同，如$\phi = 135°$和$45°$。这主要是因为丙烯半球的照明并未达到上述理想状态，而且触觉传感器元件的品质不完全相同。

接下来介绍剪力特性。如图3.35所示，施加剪力时，在保持触觉传感器和探针轴之间的角度θ不变的状态下，增加载荷就可以同时向传感器元件施加垂直力和剪力。

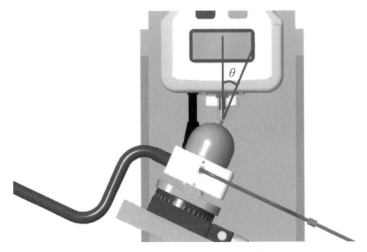

图3.35　垂直力和剪力的同时施加法

在不同 θ 条件下得到的垂直力探测特性和剪力探测特性分别如图3.36和3.37所示。

如图3.36所示，即使改变角度 θ，实验数据也基本一致。由此可知，施加的垂直载荷和辉度值的积分值之间的关系不受角度 θ 的影响。因此可以通过辉度值的积分值求出垂直载荷。

接下来分析剪切载荷和重心偏移量。由图3.37可知，即使改变 θ 值，剪力和重心偏移量的关系也倾向于重叠为同一条曲线。因此可以通过重心偏移量算出剪力。

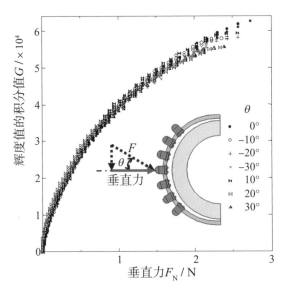

图3.36　同时施加垂直力和剪力时的垂直力探测特性

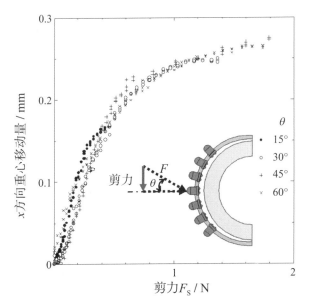

图3.37 同时施加垂直力和剪力时的剪力探测特性

这种传感器的探测特性具有极高的可复制性，对8号探针重复1000次去载的结果如图3.38所示，可见辉度值的积分值变化几乎相同，由此可知本触觉传感器具有极高的可复制性。

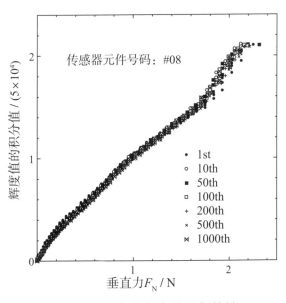

图3.38 垂直力方向的反复特性

从垂直方向和剪切方向向0号探头施加反复载荷的情况如图3.39所示。与图3.38相比，乍一看每一次施加的特性都在变化。但是750次和1000次基本相同，750次时特性表现出稳定性。施加剪切载荷后，探针和传感器元件之间，以及圆锥触头和丙烯圆顶之间可能产生滑动。可见多次反复去载的过程中，表面趋于平滑。这种现象说明剪力的校准试验比垂直力更难，而且为了贴合平滑面，必须提前反复进行若干次去载，这凸显出三轴触觉传感器在剪力灵敏度评价上的难处。

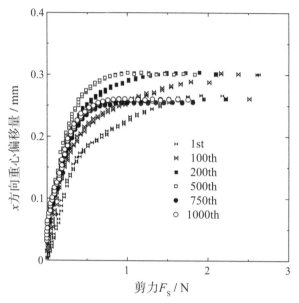

图3.39　同时施加垂直力和剪力时的剪切方向反复特性

下面我们来介绍触头移动型的代表——图3.5中的微三轴触觉传感器的探测特性。图3.40中，●表示施加剪力时的垂直载荷和辉度值的积分值，实线表示不施加剪力时垂直载荷和辉度值的积分值的关系。由图3.40可知，实线和●极其一致。由此可知，垂直力-辉度值的积分值的关系与是否施加剪力无关。

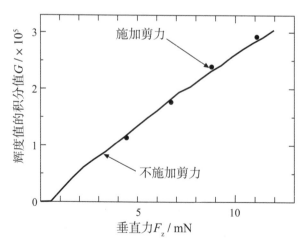

图3.40　触头移动型三轴触觉传感器的垂直力探测特性

受到剪力时，重心偏移量的关系如图3.41所示。从图中可以看出，重心偏移量与剪力成比例增加。超过剪力的临界值后，重心偏移量急剧增加。

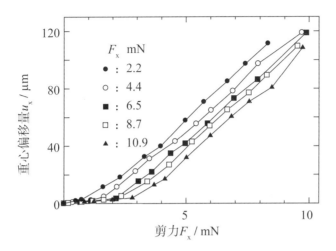

图3.41 触头移动型三轴触觉传感器的剪力探测特性

这一现象符合干摩擦理论——阿蒙东定律，即超过最大静摩擦后产生滑动，并出现明显的重心移动的现象。图3.41表示在最大静摩擦以下也会发生重心移动，但这是由于受到了图3.42中的剪力，圆锥触头的接触面从圆形变为椭圆形而

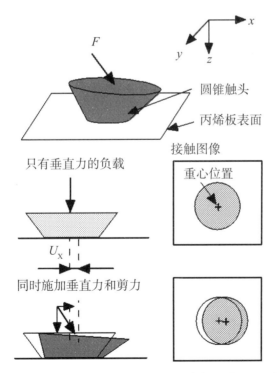

图3.42 最大静摩擦力以内的圆锥接触面的重心移动

产生的重心偏移量。也就是说，最大静摩擦以下的圆锥触头不会在丙烯板表面滑动，重心移动仅发生在紧贴状态下接触面发生形变时。用于传感器时，可以根据重心偏移量计算剪力，所以细微的重心偏移量也会带来很大的剪力。因此它能够在最大静摩擦力范围内作为高灵敏度传感器工作。

不仅如此，如图3.41所示，最大剪力以内，即使改变垂直力，图像也表现为一条直线。而且最大剪力随垂直力的增加而增加，剪力超过最大剪力后，即使垂直力大小发生变化，重心偏移量-剪力的斜率也不变。上述结果符合图3.14的模拟结果，证明以最大静摩擦力模型来讲解是正确的。而且如图3.40所示，辉度值的积分值和垂直力的关系不受剪力影响。综上所述，同时施加垂直力和剪力时，首先辉度值的积分值决定垂直力，有了垂直力就能确定最大剪力，这样就可以根据重心偏移量确定剪力了。

第4章

VR触觉显示器设计

4.1 原 理

4.1.1 基本结构

从接触力产生的反作用力和表面状态两方面生成的触觉才更加生动。触觉再现依赖于设备的研发进步，当下人们采用触觉显示器模拟接触力，用点阵显示屏模拟表面状态。本章将以笔者等人开发的触觉显示器为例，介绍触觉显示器中搭载点阵显示屏的设计方法。

如2.3.1节所说，触觉显示器的结构分为串联结构型和并联结构型，两者各有其优缺点。笔者等人的触觉显示器采用了结构简单、制作容易的串联结构型。

考虑到控制简单，并且已经商品化等因素，笔者等人采用了压电致动器触觉显示器。

笔者等人设计并制作的触觉显示器搭载点阵显示屏的基本结构如图4.1所示[85, 86]。从图4.1中可以看出，3个关节的平面控制器尖端搭载了触觉显示器。3个关节的控制器的第三个轴与触屏表面中心一致，所以控制器不长，第三关节负责控制触觉显示器的偏航角。

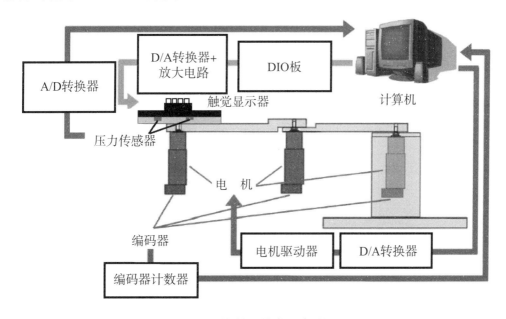

图4.1 平面控制器搭载的触觉显示器

图4.1中的触觉显示器的使用情景如图4.2所示，用食指、中指和无名指在触屏表面操作。虚拟空间内的呈现面接触到物体时会计算反作用力，根据结果控制

电机力矩，操作者在接触时能够感受到阻力。同时探针的上下运动受表面凹凸状态的控制，能够感知虚拟物体表面的凹凸感。

（a）整　体

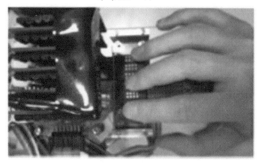

（b）细　节

图4.2　平面控制器型触觉显示器的操作方法

图4.1中的触觉显示器结构如图4.3所示。这种触觉显示器搭载了6个点显器(SC9, KGS)，通过4×12的点呈现凹凸面。

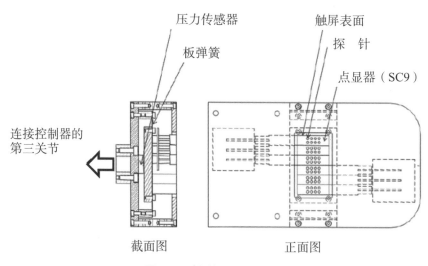

图4.3　触觉显示器的结构

本触屏采用了平面控制器型，基本上只能呈现平面触觉。但如图4.4所示，如果在相隔120°的三个位置设置压力传感器，就能够测量作用在触屏表面的俯仰、翻滚方向的力矩和触屏表面的法线方向上的作用力。

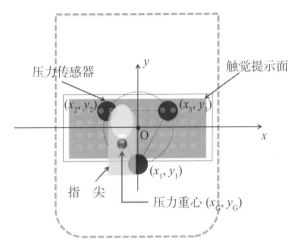

图4.4　触觉显示器中的压力传感器的位置

呈现面在虚拟空间内的旋转角与俯仰和翻滚方向的力矩成正比。这样即使只有二维的自由度，未达到三维，也能够呈现具有起伏感的形状，如图4.5所示。

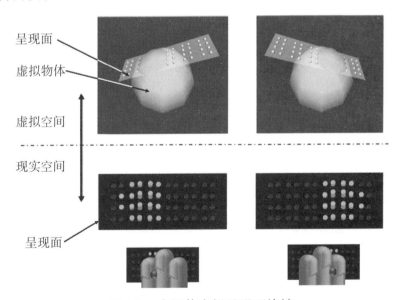

图4.5　力矩使虚拟呈现面旋转

通过上述三个压力传感器的输出可以计算x轴和y轴的力矩，使虚拟空间的呈现面在x轴和y轴上与上述值成比例旋转。如此一来，图4.5的示例中，用手指反复按压对象物体就能够感觉到球面。

呈现面垂直向下的移动量与法线方向的作用力成正比，如图4.6所示。静止/无负载状态下，虚拟空间内的呈现面和物体所在的基准面之间有一定的距离。初始状态的距离不大，笔者等人的装置约设为10mm。手指按压触屏的呈现面并施加压力，则虚拟空间内的呈现面与压力强度成比例垂直下降，以最大设定压力接触虚拟物体并继续下按，则探针被推出触屏呈现面，感知到触摸虚拟物体。

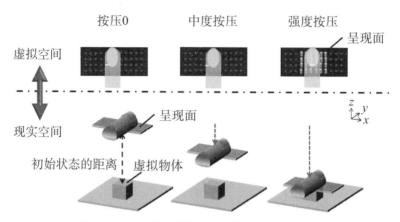

图4.6　压力使虚拟呈现面沿垂直方向移动

通过上述呈现方式，即使将平面控制器作为触觉显示器也能够在虚拟空间内实现6个自由度的运动。但垂直方向、呈现面和x、y方向的旋转受限，用6个自由度的装置感受虚拟物体时，还原度也会相应降低。虽然这种装置还无法缩小到鼠标大小，但已经随着小型化的发展可以在桌面上使用了。本章将在结尾介绍这种装置的衍生产品，包括安装在夹具上的产品，以及注重小型化而在鼠标上搭载触觉显示器的产品。

4.1.2　产生反作用力的原理

我们在2.3.1节介绍了触觉显示器的原理及电机控制所需的转矩计算方法。根据控制器末端和虚拟物体的干扰量计算控制器上的作用力/力矩。简而言之，对虚拟物体的下按量越大，相应产生的反作用力就越大。

图4.7展示了这一状态，根据运动学正解计算坐标值虚拟空间内的末端坐标值，用e表示对虚拟物体的下按量。图中的点P_{ref}和点P_0分别表示接触开始点和当前的位置。下按量e被分解为虚拟平面的切线方向矢量e_t和垂直方向矢量e_v。虚拟弹簧系数和动摩擦系数分别是K和μ_d。垂直阻力与下按量的垂直方向矢量e_v成正比，剪力与切线方向矢量的时间微分$\dot{e}_t$——即速度成正比，用下式表示：

$$f_v = Ke_v \tag{4.1}$$

$$f_{t} = \mu_{d}(|f_{v}|/|\dot{e}_{t}|)\dot{e}_{t} \tag{4.2}$$

施加于末端的作用力与式（4.1）和（4.2）为逆矢量，即

$$f = -f_{v} - f_{t} \tag{4.3}$$

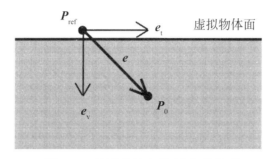

图4.7 虚拟物体与接触点的关系

后文会介绍搭载夹具的触觉显示器，下面请看通过这种触觉显示器在虚拟孔中插入虚拟销时产生的力和力矩的计算方法。设虚拟销和带孔虚拟物体分别为a和i。虚拟物体a的N_{a}个顶点接触虚拟物体i的边缘，虚拟物体i的N_{i}个顶点接触虚拟物体a的边缘。设夹具的指尖产生的力为f_{finger}，虚拟物体a的顶点向虚拟物体i的边缘施加的力和反过来虚拟物体i的顶点向虚拟物体a的边缘施加的力分别为f_{a-i}和f_{i-a}，则下式成立：

$$f_{finger} + \sum^{N_{a}} f_{a-i} - \sum^{N_{i}} f_{i-a} = 0 \tag{4.4}$$

因此指尖产生的力如下所示：

$$f_{finger} = -\sum^{N_{a}} f_{a-i} + \sum^{N_{i}} f_{i-a} \tag{4.5}$$

设由指尖施加力f_{a-i}和f_{i-a}的点的位置矢量分别为r_{a-i}和r_{i-a}，则指尖产生的力矩计算如下：

$$M_{finger} = -\sum^{N_{a}} (r_{a-i} \times f_{a-i}) + \sum^{N_{i}} (r_{i-a} \times f_{i-a}) \tag{4.6}$$

4.1.3　触觉产生的原理

触觉显示器呈现压力分布时，需要计算虚拟物体与手指或手掌接触时产生的压力分布并呈现在触觉显示器上。严格地说，需要进行接触变形解析，但本书只介绍压力分布的简便算法。这种方法假设虚拟物体和手指面都近似于平面。也就

是说，假设虚拟物体的曲率半径远远大于手指指腹的曲率半径，只要接触产生一点力就可以使手指指腹贴合虚拟物体表面。

假设虚拟物体表面贴有厚度一定的弹性膜。如图4.8所示，物体按压弹性膜形成的凹陷形状为手指形状和虚拟物体的表面形状的和，计算如下：

$$\tilde{z}(\tilde{x},\tilde{y}) = \tilde{z}_{\text{finger}}(\tilde{x},\tilde{y}) + \tilde{z}_{\text{object}}(\tilde{x},\tilde{y}) \tag{4.7}$$

其中，$\tilde{x}$ 和 $\tilde{y}$ 表示贴在虚拟物体表面的坐标。下按量计算如下：

$$\tilde{u}(\tilde{x},\tilde{y}) = \begin{cases} h - \tilde{z}(\tilde{x},\tilde{y}), h \geq \tilde{z} \\ 0, \qquad\qquad h < \tilde{z} \end{cases} \tag{4.8}$$

设任意点的压力与式（4.8）求出的位移成正比，则

$$p(\tilde{x},\tilde{y}) = k_{\text{spring}}\,\tilde{u}(\tilde{x},\tilde{y}) \tag{4.9}$$

其中，k_{spring} 是虚拟弹性板的弹簧常数。

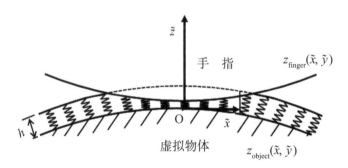

图4.8　手指和虚拟物体间的接触压力分布

4.2　发生力的设计

4.2.1　直流电机

想要通过触觉显示器产生虚拟物体带来的反作用力，可以使电机产生2.3.1节介绍的转矩计算法求出的转矩。电机分为直流电机和交流电机，本书将介绍能够简单实现转矩控制的直流电机[87]。

如图4.9所示，直流电机由转子线圈、换向器、磁铁、电刷和直流电源等组成。

根据弗莱明左手定则，转子线圈中出现电流时，线圈受到图4.10(a)中的力。如图4.10(b)所示，转子线圈旋转90°时，换向器改变转子中的电流方向，线圈的ab部分位于左侧和右侧时分别受到向上和向下的力。

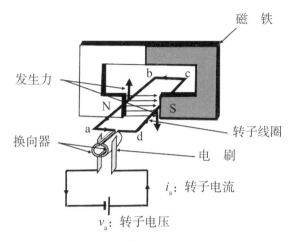

图4.9   直流电机的基本原理

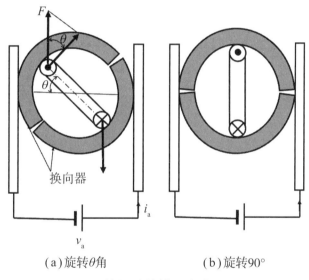

（a）旋转θ角   （b）旋转90°

图4.10   转矩随旋转而变化的原理

转矩大小与$\cos\theta$成正比，所以转矩大小随转角的变化而变化，如图4.11所

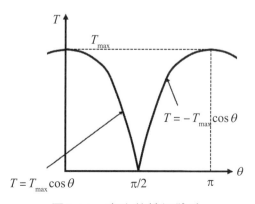

图4.11   产生的转矩脉动

示。实际上直流电机并非图4.9中的两极，它的极数更多，又因其中安装了减速器，实际使用时，转矩脉动被减少至可以忽略不计。

接下来，我们来推导表示电机特性的方程。直流电机的导线在磁场中运动，根据弗莱明右手定则，在旋转过程中，导线ab和cd切割磁通，从而产生电流。这时电流方向与上述旋转电机时的电流相反，被称为反电动势。

上述直流电机的特性用电路图表示则如图4.12所示。图中除了电源v_a外，还有电池e，这就是上文中的反电动势，极性与电源v_a相反。此外，图4.12中表示转子的圆中还包括转子线圈的电感L_a和线圈电阻R_a。

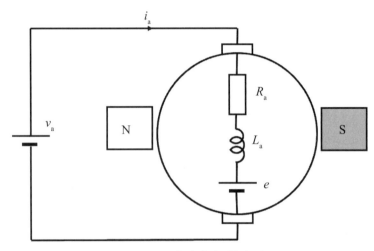

图4.12　直流电机的电路

反电动势与转子的角速度ω成正比，可表示为

$$e = K_e \omega \tag{4.10}$$

又因转矩与导体电流成正比，可计算如下：

$$T = K_t i_a \tag{4.11}$$

其中，K_e和K_t被称为电机常数，表示直流电机的性能。采用SI单位则二者相等。

根据图4.12可以得到下列方程：

$$v_a = R_a i_a + L_a \frac{\mathrm{d}i_a}{\mathrm{d}t} + e \tag{4.12}$$

根据式（4.10）~（4.12）计算输出转矩，判断是否等于触觉显示器所需的输出转矩，从而选择电机。

4.2.2　直流电机的控制方法

由式（4.11）可知，调整转子电流可以改变转矩，因此改变电路中的电阻即可简单地进行转矩控制，如图4.13所示。

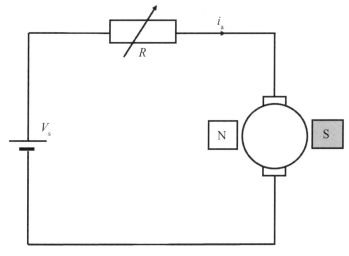

图4.13　电阻控制法

计算转子电压得到

$$v_a = V_s - i_a R \tag{4.13}$$

转子消耗的功率（$W_s = i_a v_a$）可以对式（4.13）两边同时乘以电流，计算如下：

$$i_a v_a = i_a V_s - i_a^2 R \tag{4.14}$$

用式（4.14）计算效率η，得到下式：

$$\eta = v_a / V_s \tag{4.15}$$

由上式可知，在转子电压低的低速情况下，效率变差。

效率变差的原因如式（4.14）所示，由于受到电流控制，转子中的电流在增加的电阻R内部以热量的形式被消耗。

因此人们通常不采用上述电阻控制法，而是采用下文中的斩波控制法。

在用于机械手臂的直流电机控制中需要能根据需要进行正转或反转的电路，这就是脉宽调制（pulse width modulation，PWM）电路，也称为直流斩波电路。原理如图4.14所示，这种电路在使用时反复在下述两种状态中切换：

T_1秒间：S_1和S_4 ON，S_2和S_3 OFF。

T_2秒间：S_1和S_4 OFF，S_2和S_3 ON。

各个开关在ON和OFF之间以上述规律高速切换。

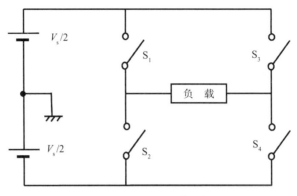

图4.14　PWM的原理

一个周期T（$=T_1+T_2$）中T_1和T的比叫作占空比：

$$\alpha = \frac{T_1}{T}$$

图4.14的负载上施加的电压v_L计算如下：

$$v_L = \frac{T_1 - T_2}{T_1 + T_2} = \left(2\frac{T_1}{T} - 1\right)V_s = (2\alpha - 1)V_s \qquad （4.16）$$

由式（4.16）可知，改变占空比，可以使施加在负载上的电压在$-V_s$到V_s之间连续变化。

控制了转子电压就能够简单地控制转矩。也就是说，如式（4.11）所示，转矩与转子电流成正比。根据欧姆定律，转子电流与转子电压成正比，所以控制转子电压相当于控制转矩。

4.2.3　压电效应

根据表2.4所探讨的内容，人们基于过去的多种原理提出了点阵显示屏。想必今后还会出现新原理的微致动器，但目前来看，压电致动器的实用化和商业化已经发展到了极致。本节将阐述压电致动器的原理及怎样控制使用时产生的力。

压电致动器主要分为积层型和双压电晶片型[88]。前者由层压PZT陶瓷制成，可以产生较大的力，但位移极小，只有数十微米；后者是在薄金属板两面贴上PZT陶瓷薄膜，只能产生约0.1N的力，但可以发生较大位移，约达1mm。为了集成多个致动器，点阵显示屏主要采用双压电晶片型。

压电致动器的工作原理就是压电效应。压电效应指的是向压电体施加力时会产生与力成正比的电荷的现象。逆压电效应指的是施加电场时压电体变形的现象。压电效应用于传感器和发电，逆压电效应用于压电致动器。压电效应和逆压电效应不是独立存在的，压电体产生的应力–形变的力学量和电场–电通量密度的电学量是相辅相成的。

描述上述压电体的力学量和电学量之间的相互关系的表达式称为压电方程，压电致动器的工作遵守下列压电方程[89]：

$$(S) = [s^E](\sigma) + [d]^T(E) \tag{4.17}$$

$$(D) = [d](\sigma) + [\varepsilon^\sigma](E) \tag{4.18}$$

其中，(S)和(σ)分别表示形变和应力二级张量的矢量。即$(S) = (S_1, S_2, S_3, S_4, S_5, S_6)^T$和$(\sigma) = (\sigma_1, \sigma_2, \sigma_3, \sigma_4, \sigma_5, \sigma_6)^T$。下标 1~3 表示垂直成分，4~6 表示剪切成分，上标T表示转置。$(D) = (D_1, D_2, D_3)^T$和$(E) = (E_1, E_2, E_3)^T$分别表示电通量密度矢量和电场矢量。(s^E)是电场不变时弹性模量的4级张量，(ε^σ)是应力不变时介电常数的2级张量，(d)表示压电常数的3级张量。

式（4.17）和（4.18）的完整形式如下：

$$
\begin{pmatrix} S_1 \\ S_2 \\ S_3 \\ S_4 \\ S_5 \\ S_6 \end{pmatrix} =
\begin{bmatrix}
S_{11}^E & S_{12}^E & S_{13}^E & S_{14}^E & S_{15}^E & S_{16}^E \\
S_{21}^E & S_{22}^E & S_{23}^E & S_{24}^E & S_{25}^E & S_{26}^E \\
S_{31}^E & S_{32}^E & S_{33}^E & S_{34}^E & S_{35}^E & S_{36}^E \\
S_{41}^E & S_{42}^E & S_{43}^E & S_{44}^E & S_{45}^E & S_{46}^E \\
S_{51}^E & S_{52}^E & S_{53}^E & S_{54}^E & S_{55}^E & S_{56}^E \\
S_{61}^E & S_{62}^E & S_{63}^E & S_{64}^E & S_{65}^E & S_{66}^E
\end{bmatrix}
\begin{pmatrix} \sigma_1 \\ \sigma_2 \\ \sigma_3 \\ \sigma_4 \\ \sigma_5 \\ \sigma_6 \end{pmatrix}
$$

$$
+ \begin{bmatrix}
d_{11} & d_{21} & d_{31} \\
d_{12} & d_{22} & d_{32} \\
d_{13} & d_{23} & d_{33} \\
d_{14} & d_{24} & d_{34} \\
d_{15} & d_{25} & d_{35} \\
d_{16} & d_{26} & d_{36}
\end{bmatrix}
\begin{pmatrix} E_1 \\ E_2 \\ E_3 \end{pmatrix}
\tag{4.19}
$$

$$
\begin{pmatrix} D_1 \\ D_2 \\ D_3 \end{pmatrix} =
\begin{bmatrix}
d_{11} & d_{12} & d_{13} & d_{14} & d_{15} & d_{16} \\
d_{21} & d_{22} & d_{23} & d_{24} & d_{25} & d_{26} \\
d_{31} & d_{32} & d_{33} & d_{34} & d_{35} & d_{36}
\end{bmatrix}
\begin{pmatrix} \sigma_1 \\ \sigma_2 \\ \sigma_3 \\ \sigma_4 \\ \sigma_5 \\ \sigma_6 \end{pmatrix}
$$

$$
+ \begin{bmatrix}
\varepsilon_{11}^\sigma & \varepsilon_{12}^\sigma & \varepsilon_{13}^\sigma \\
\varepsilon_{21}^\sigma & \varepsilon_{22}^\sigma & \varepsilon_{23}^\sigma \\
\varepsilon_{31}^\sigma & \varepsilon_{32}^\sigma & \varepsilon_{33}^\sigma
\end{bmatrix}
\begin{pmatrix} E_1 \\ E_2 \\ E_3 \end{pmatrix}
\tag{4.20}
$$

如式（4.19）和（4.20）所示，压电材料的结构方程为电学-力学复合方程，需要进行有限单元法等模拟才能求解。但在评价致动器的功能时，要忽略压电方程的第2式，即式（4.20），只使用式（4.19），并且要假设应力为0，电场为0等，推导简化式。

首先，选用图4.15中的板状压电材料。

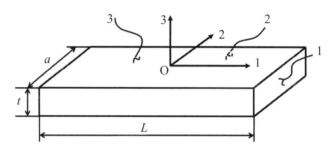

图4.15　板状压电材料

图4.15中，直交笛卡儿坐标系的坐标轴用数字1～3表示。在上下面之间施加电压时，设t为材料厚度，则压电材料上的电场用$E_1 = 0$，$E_2 = 0$，$E_3 = V/t$表示。设1和3方向都没有应力，则式（4.19）的6个式中只有下式较重要：

$$S_1 = d_{31}\frac{V}{t} \tag{4.21}$$

$$S_3 = d_{33}\frac{V}{t} \tag{4.22}$$

设1和3轴方向的位移为u_1和u_3，则式（4.21）和式（4.22）可推导出下式：

$$u_1 = LS_1 = d_{31}\frac{LV}{t} \tag{4.23}$$

$$u_3 = tS_3 = d_{33}V \tag{4.24}$$

同时限制1和3方向时，$S_1 = 0$，$S_3 = 0$，所以

$$0 = s_{11}^E\sigma_1 + d_{31}\frac{V}{t} \tag{4.25}$$

$$0 = s_{33}^E\sigma_3 + d_{33}\frac{V}{t} \tag{4.26}$$

设板宽为a，则1和3的面上产生的力分别为

$$F_1 = at\sigma_1 \tag{4.27}$$

$$F_3 = aL\sigma_3 \qquad\qquad (4.28)$$

设压电材料是各向同性线性弹性体，因为 $S_{11}^E = S_{33}^E = 1/Y$（$Y$是杨氏模量），根据式（4.25）和式（4.27），式（4.26）和式（4.28），计算如下：

$$F_1 = -d_{31}aYV \qquad\qquad (4.29)$$

$$F_3 = -d_{33}\frac{aLY}{t}V \qquad\qquad (4.30)$$

式（4.29）和（4.30）中有负号，这是因为在表面固定的状态下施加电压，会拉伸压电材料并产生压缩应力。双压电晶片型压电致动器符合式（4.23）和式（4.29），积层型压电致动器符合式（4.24）和式（4.30）。

而且式（4.23）和式（4.29），式（4.24）和式（4.30）并非同时使用，而是针对无限制或完全限制这两种极端限制条件使用。式（4.23）和式（4.29）的示例如图4.16，完全限制的条件下能够输出最大发挥力。产生的力的大小随发生位移的增加而减小，最大位移时产生的力为零。增加电压，则图中的特性直线沿箭头方向平行移动。

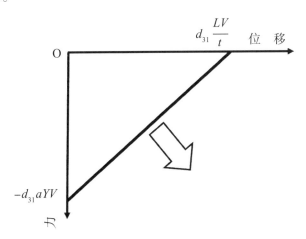

图4.16 压电致动器的输出位移与发生力的关系

4.2.4 双压电晶片型压电致动器

如图4.17所示，在O-12面上的中间电极薄板的上下面附加图4.15的板状压电材料，就组成双压电晶片型压电致动器。下面我们将这种致动器的基础算式进行定式化。

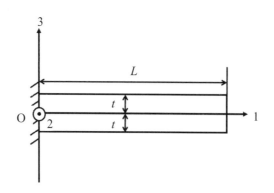

图4.17　双压电晶片型压电致动器

如材料力学教材[90]所述，集中载荷W作用在自由端时，三轴方向的位移u_3和集中载荷W的关系计算如下：

$$W = \frac{3YI}{L^3}u_3 \tag{4.31}$$

其中，I是2轴系的横截面二级力矩：

$$I = \frac{2at^3}{3} \tag{4.32}$$

上下压电材料较长的方向上同时出现$-S_1$和S_1的形变时，三轴方向的位移u_3的计算思路与材料力学的双金属习题相同，结果如下式所示[90]：

$$u_3 = \frac{3S_1}{2t}L^2 \tag{4.33}$$

将式（4.21）代入式（4.33），则

$$u_3 = \frac{3d_{31}}{2}\left(\frac{L}{t}\right)^2 V \tag{4.34}$$

而限制位移时的发生力可以通过将式（4.34）代入式（4.31）来计算，即

$$W = \frac{9d_{31}YI}{2Lt^2}V \tag{4.35}$$

此外，在位移和施加电压的关系中，压电材料表现出滞后特性。滞后特性属于控制问题。有报告指出，控制电荷就不会产生滞后特性，因此建议采用电荷控制[91]。也有报告指出，神经网络对一般的电压控制有效[92]。

4.3 电路设计

4.3.1 PWM

电机的转矩控制中必不可少的PWM安装在电机驱动中，无需特别注意，本书只对电路的核心部分进行概述。4.2.2节介绍PWM时使用了开关，而实际操作中，我们用晶体三极管作为电子控制的开关。

晶体三极管分为NPN型和PNP型，图4.18所示为NPN型晶体三极管，基极电压v_B大于发射极电压v_E时，开关导通，反之则关断。PNP型晶体三极管的开关动作与之相反。如果能够充分利用晶体三极管的这种性质，就能打造支持电子控制的斩波电路。

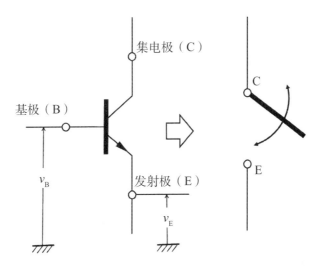

图4.18 晶体三极管组成的开关

使用晶体三极管的开关电路如图4.19所示。基于上述讨论，基极电压v_B大于发射极电压v_E时，开关导通，负载R上出现电压V_{CC}。将直流电机作为负载连入电路就可以控制电机。

晶体三极管的输入为$v_S = v + E$，波形发生器产生的$v = \sin\omega t$被输入时，图4.20中最上面的实线波形表示v_B。发射极电压v_E为0，所以$v_S > 0$时负载上的电压为V_{CC}。因此负载R上的电压特性曲线如图4.20的①所示。负载R导通时，可以通过固定电压的变化进行控制，0和$-E$时分别为②和③。也就是说，可以通过调节E的大小来控制占空比。

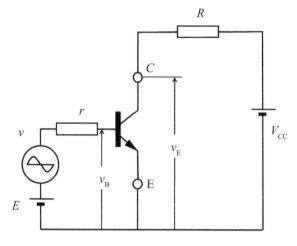

图4.19   开关电路

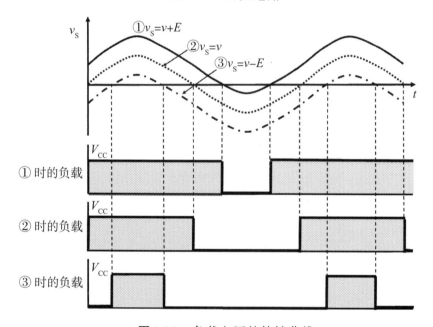

图4.20   负载电压的特性曲线

前文中我们提到过用直流电机作为负载 R，但由于直流电机的电路中有线圈，即使开关关闭，电流仍然存在。用开关代替晶体三极管就会产生火花。

为了预防上述情况，要与电机并联接入二极管，如图4.21所示。连接后如图4.21的虚线所示，关闭开关后也能够确保电流路径。这种二极管叫作续流二极管。

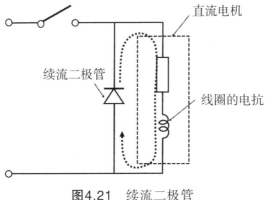

图4.21 续流二极管

4.3.2 压电致动器电路

两片压电薄膜互相贴合的双压电晶片型压电致动器分为串联型和并联型两种，二者的电压施加方式不同。串联型和并联型的电压施加方式如图4.22所示。

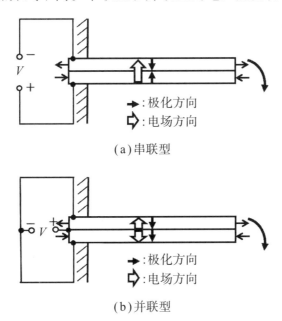

(a)串联型

(b)并联型

图4.22 双压电晶片型压电致动器电路

图4.22(a)是串联型，上方元件和下方元件的极化方向相对，所以上方元件的极化方向与电场方向相反，压电横向效应导致横向拉伸，而下方元件的极化方向与电场方向相同，所以会收缩，因此致动器向下弯曲。如果使施加电压的极性反转，则致动器向上弯曲[88]。

图4.22(b)为并联型，上方元件和下方元件的极化方向都朝下，向夹在二者之间的薄金属板施加电压时，二者的电场方向相反。由于上方元件和电场方向相

反，所以上方元件拉伸，下方元件与电场方向相同，所以下方元件收缩，使得并联型致动器与串联型同样向下弯曲。

将双压电晶片型压电致动器用于触觉显示器时，需要多个致动器控制。如果同时配线，则需要大量导线，不方便使用。因此组合使用移位寄存器和开关电路可以大大减少配线数量。

移位寄存器中，每当移位信号（CLOCK）到来，二进制数据依次移动一位。接收选通信号（STROBE）时可以封锁数据。8位的移位寄存器中，8位数被输入DATA IN后，如果继续发送数据，溢出的数据会从DATA OUT输出，将DATA OUT与下一个移位寄存器的DATA IN相连接，根据需要增加移位寄存器的数量，就可以记忆任意数位。

上述原理如图4.23所示[93]，图中展示了16个探针的触觉显示器的工作电路模式。表示导通的1和表示关断的0分别表示探针突起和缩回。例如，想要呈现00000110 01100000图案时，根据时钟信号依次传递0000011001100000的信号。前面的信号00000110占满移位寄存器A，下一个信号传输过来时，溢出的数字会从移位寄存器A的DATA OUT传输到移位寄存器B的DATA IN。数字全部传输完毕，如果传输STROBE信号，则0000011001100000被锁存。移位寄存器A和B的Q_1到Q_8端子上，导通时输出5V，用此信号起动开关电路，就可以使压电致动器突起探针。呈现的探针图案会保持到下一个STROBE信号到来。配线只需要6根：5V驱动芯片、200V驱动致动器、CLOCK、DATA、STROBE、接地。但要注意探针越多，一个框架中的呈现时间越长。

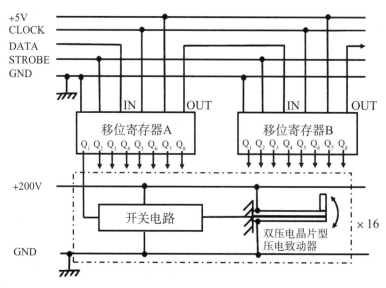

图4.23　压电致动器阵列的控制

4.3.3　压电致动器的位移可变电路

有时我们需要区别呈现点阵显示屏呈现的凹凸图案的强弱。上述使用移位寄存器的电路只能呈现ON/OFF图案，即是否有探针突起的图案。调整探针的突起方式需要D/A转换器。使用8位的D/A转换器的电路如图4.24所示[94,95]。

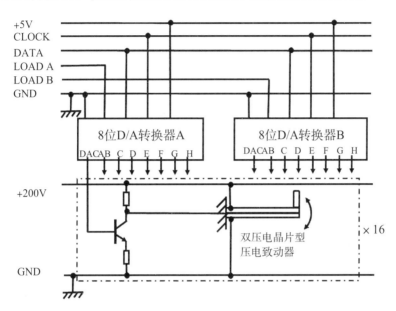

图4.24　压电致动器的位移可变电路

图4.24使用了8位D/A转换器BU4094CF。BU4094CF的端子配置如图4.25所示。这种D/A转换器有8个通道的模拟输出DACA、DACB……DACH。由于是8位，模拟数据能够输出$2^8 = 256$的层次呈现。

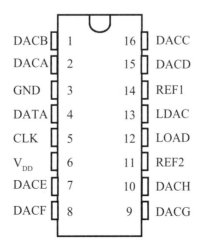

图4.25　BU4094CF的端子配置

DATA线如图4.26所示，根据CLOCK传送数据，前三位为000～111的二进制数字，指定由DACA～DACH中的哪个端子输出数据。下一位如果是1，表示输出加倍。接下来的8位是数字数据，从最高有效位（most significant bit，MSB）依次传输。

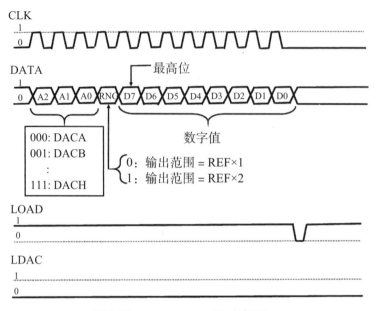

图4.26　BU4094CF的时序图

LOAD信号由1变为0时，上述输出数据的8位数据转换为模拟数据，从指定端子以0～5V的值输出。图4.24的示例用D/A转换器A和B驱动16个双压电晶片型压电致动器，设LOAD A为0，则D/A转换器A有效；设LOAD B为0，则D/A转换器B有效。可控致动器可以以8的倍数增加，增加一个D/A转换器就需要相应增加一条LOAD线。

D/A转换器端子DACA～DACH输出的电压为0～5V，所以要用晶体三极管将电压升至可驱动双压电晶片型压电致动器的0～200V。

4.4　软件设计

4.4.1　程序流程

触觉显示器的大致程序流程如图4.27所示。一开始需要虚拟空间内的触觉显示器的位置姿态。如果搭载在控制器上，则通过脉冲计数板读取各关节的角度，根据运动学正解的式（2.8）决定位置姿态。如果是鼠标型，则二维坐标可以通过使用表示指针的函数调整当前位置。需要同时确定姿态时，要额外搭载振动陀螺仪等传感器，读取它们的输出。

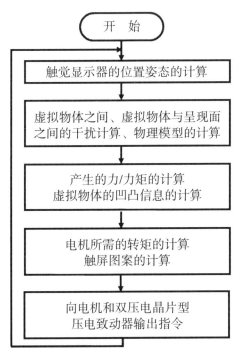

图4.27　处理概要

接下来根据触觉显示器和虚拟物体的位置关系模拟虚拟物体的运动和变形。根据模拟结果及应该呈现给操作者的力/触觉，决定触觉显示器的力控制量和点阵显示屏的探针突出图案。控制电机转矩和双压电晶片型压电致动器，从而实现上述数值。

在虚拟物体的接触模拟中，为了简化物体之间的接触，可以将凸多面体作为圆柱或球体来计算。如图4.28所示，为了解决二维接触问题，我们将薄圆柱类比为刚体[86]。例如，生成虚拟方块时，可以用五个圆柱进行类比。

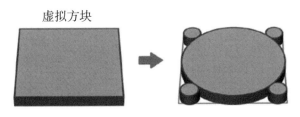

图4.28　将圆形类比为虚拟物体

如图4.29所示，辨别虚拟物体之间的接触，以及计算接触带来的反作用力时，可以通过圆形的重叠来计算。重叠的矢量 u_B 可以简单地通过两个圆的中心距和半径来计算。作用力则与重叠的矢量成正比。

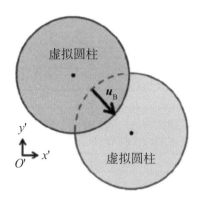

图4.29　虚拟物体之间的重叠

作用力使方块发生运动时，可通过解运动方程来确定位置和速度。此运动方程要假设粘性摩擦力，也要考虑到与速度成正比的力带来的阻力。运动方程是联立微分方程，可使用龙格-库塔法等数值解析法求解。

在进行插销入孔等作业时需要如实还原轴和孔的形状，这时就需要通过4.1.2节中介绍的方法计算反作用力。

计算出反作用力后，根据运动学逆解的式（2.9）计算应该施加给电机的转矩。而虚拟物体表面的凹凸信息可以通过4.1.3节介绍的方法计算点阵显示屏需要呈现的探针突起量图案。

向电机驱动器和双压电晶片型压电致动器的驱动器传输信号，进而实现上述计算得出的电机转矩和探针突起量图案。模拟信号会通过安装在计算机中的D/A板传输给电机驱动器。指定模拟信号通过下一节介绍的DIO（digital input output）板传输给双压电晶片型压电致动器。

4.4.2　DIO

DIO能够将外部测量器的输入输出状态存入计算机，并控制继电器和二极管的ON/OFF。它的类型较多，用途多样，通道数多为8CH ~ 12CH，响应时间多为0.02μs ~ 100μs。

为讲解基础程序法，我们假设控制某机器需要输出图4.30中的脉冲，脉宽为 t_{limit}。

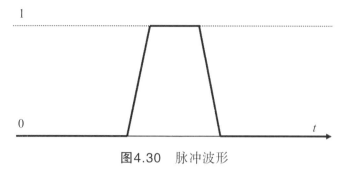

图4.30 脉冲波形

根据图4.31中的流程图，可以将信号传输到输出线路。使用DIO板时要发出起动口令，不同制造商的口令各不相同，我们设口令为Board Open。然后将传输给线路的指定信号关闭。在进入环路之前，先测量时间，存入t_0。接下来进入环路，测量环路一周的时间t，在时间大于等于$t-t_0$时向特定线路传输ON信号。时间小于$t-t_0$时向特定线路传输OFF信号，关闭DIO板并结束。

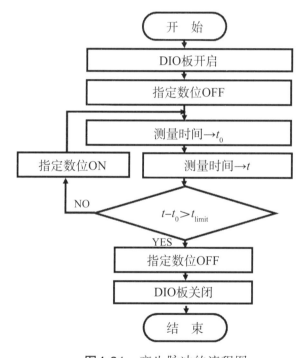

图4.31 产生脉冲的流程图

这种方法可以控制常见设备，但并不适合下述移位寄存器和D/A转换器的控制。这是因为程序可以得到的时间信息的最小单位是ms，无法在短时间内传输脉冲序列。因此这时要采取分别发送OFF、ON、OFF信号的方式，如图4.32所示。

95

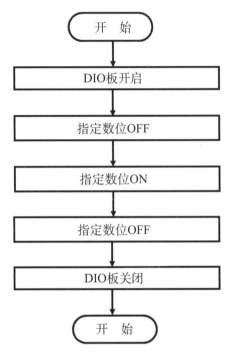

图4.32　产生脉冲的流程图（之二）

4.4.3　移位寄存器

我们以图4.33中连接8单元点显器的点阵显示屏为例，对移位寄存器的程序进行讲解。点显器的一个单元有8个探针，探针的地址如图4.33所示。

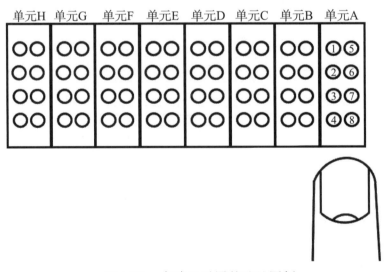

图4.33　点阵显示屏的地址图例

如图4.34所示，单元A到H应该呈现的数据以H、G……A的顺序排列为脉冲序列。图4.34上部为点阵图案，下部为对应的脉冲序列。

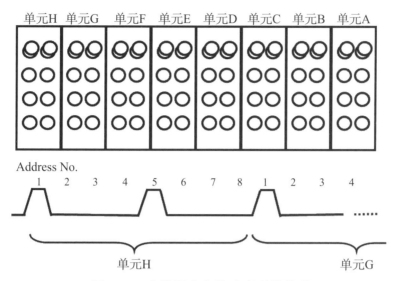

图4.34 点阵图案和脉冲序列的关系

此脉冲序列数据首先从单元A开始，在单元A的移位寄存器中储存8个数据。单元A的移位寄存器存满数据后，接下来输入的数据会将最早的数据推出，传送给单元B的移位寄存器。每当传送过来一个脉冲，单元A的移位寄存器就有一个溢出的数据传送给单元B的移位寄存器。单元B的移位寄存器也同样渐渐存满数据。

8个移位寄存器就这样存满数据。到此为止，移位寄存器还处于接收数据状态，尚未反映在探针的上下动作上。探针的上下图案表示一个步骤之前的状态。STROBE信号的脉冲进入STROBE线路后，探针图案被刷新，更新为上一步输入的图案。

4.4.4 D/A转换器

D/A转换器的程序与上述移位寄存器并无太大差异。

如图4.24和4.25所示，一个D/A转换器有8个通道，决定了一个单元的8个地址（DACA～DACH）标记的电压电平。此电压电平就是应呈现的模拟数据。接下来，模拟数据根据下式转换为数字值：

$$数字值 = 2^8 \times 想呈现的电压电平/基准电压 \tag{4.36}$$

其中，基准电压是D/A转换器的全范围电压。

地址和二进制数字值组合构成数字信号，通过DIO板将信号发送给D/A转换器A。然后向LOAD线路传送信号0，进行D/A转换，向地址对应的线路输出模拟信号。8个通道都进行上述工作，8个探针就会对应模拟值凸起。

8个单元都进行上述步骤，点阵显示屏整体就会输出探针的凹凸图案。电信号被锁存，以维持探针状态不变，直到下一个数据到来。

4.5　设计实例

4.5.1　搭载夹具的控制器型触觉显示器

手握工具操作时不仅靠力觉，触觉的作用也非常大。想必大家都有过这样的感觉：戴着厚厚的手套使用工具十分不便。由此也可以理解触觉的重要性。

2.3节介绍的phantom中，操作者手握的笔型手柄尖端能够呈现力和力的时间变化，为手柄选择工具，就可以高度还原工具接触虚拟物体并发生作用时产生的反作用力。如果在虚拟世界中用手柄作为工具，这种方法完全可行。

但是虚拟世界中需要操控各种工具，也要举起或放下各种物体，这种方法就无法满足需要了。我们需要一种新型设备，不仅能像手套型设备一样呈现触感，同时还能像触觉显示器一样令手腕和手上有力感。

如果能够同时呈现力觉和触觉，通过这种设备在虚拟空间内手握工具操作时，不仅能够感受到工具接触作业对象产生的力，还能呈现手指与工具之间的接触状态变化。

为了探究上述触觉和力觉的综合呈现效果，笔者等人设计并制作了图4.35中的控制器型触觉显示器[96, 97]。此设备是在2.3.1节和4.1节中介绍的串联结构型触觉显示器的基础上搭载了夹具。不仅如此，夹具的每个手指上还搭载了点阵显示屏。夹具上装有交流伺服电机（安川电机，YR-KA01-A000）。这种伺服电机的制作初衷是安装在机器人的手指关节上，内置编码器和谐波传动器（齿轮比：1/80），能够通过转矩控制在指尖呈现约8N的力。

同时，在夹具上安装力传感器还能够测量手握时产生的握力。握力测量值通过A/D转换器传送给计算机，根据虚拟物体和呈现面之间的干扰量计算反作用力，控制上文中的交流伺服电机转矩，使之等于反作用力，这样就能够还原把握物体的硬度。

夹具上搭载的点阵显示屏结构如图4.36所示。触屏使用的点显器（KGS，SC9）厚度为16mm，直接在触屏上搭载两个夹具则无法呈现厚度小于32mm的虚拟物体。又因为长度为66mm，采用手握方式会明显降低操作性。因此我们研发出一种设备，通过钥匙型手柄将点显器的探针上下运动传达给指尖。

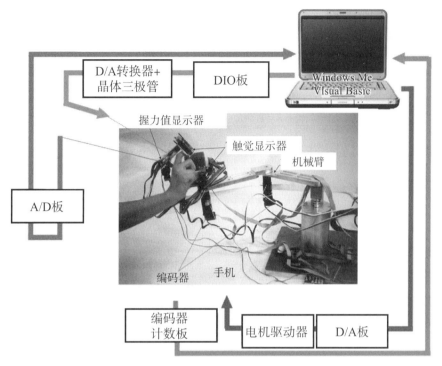

图4.35 搭载夹具的控制器型触觉显示器

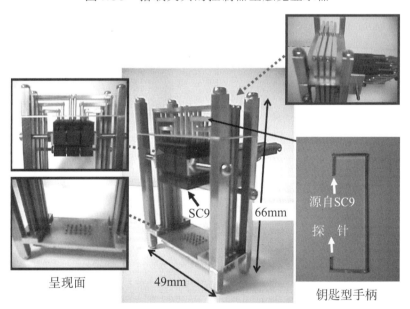

图4.36 搭载夹具的点阵显示屏的结构

如图4.37所示，实验结果成功地将呈现面厚度降至10mm。因此这种夹具能够呈现20mm厚度的虚拟物体。

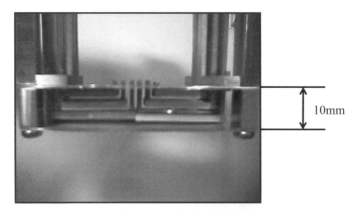

图4.37　呈现面的厚度

为了控制搭载夹具的点阵显示屏的探针的运动方式，压电致动器采取了上述图4.24中的控制方式。这样就可以呈现球面或圆柱面等表面的凹凸状态。如图4.38所示，这样就能够通过夹具用拇指和食指握住圆柱形虚拟物体，通过触觉图案的旋转感知物体姿态的变化。只用力觉呈现也能够感受圆柱上产生的力矩，但是只靠力觉呈现无法把虚拟物体的姿态信息传递给操作者，本装置有望被用于需要控制所持物体姿态的作业。

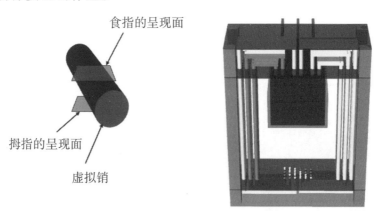

　（a）虚拟空间内虚拟销和呈现面的关系　　（b）用于呈现圆柱面的手柄

图4.38　用夹具手握虚拟销时销的姿态变化呈现

虚拟插销入孔就是上述课题的典型代表。插销入孔作业属于零件装配工作，我们希望能由机器人代替人完成。销接触到孔，发生一点接触，再过渡到两点接触，再完成插入工作。人们以前认为这一插入过程仅靠力觉就可以完成。但我们无法保证机器人在虚拟现实感中不明确销的状态下也能够完成插入工作。缺乏触觉信息，也就缺乏沉浸感。5.2.3节将通过本装置的虚拟插销入孔的实验结果探讨触觉呈现的效果。

4.5.2 手指呈现型触觉鼠标

4.1.1节和4.5.1节中，在控制器上搭载触觉显示器的触屏虽然可以作为桌面触屏，但所占桌面面积过大。力觉呈现搭载电机就会导致大型化，我们索性对力觉呈现避而不谈，只探讨呈现触觉信息的设备。呈现VR感时需要操作者在虚拟空间中触摸的位置信息，采用常用的鼠标界面代替控制器作为指示设备。

笔者等人开发的一系列指尖呈现型触觉鼠标中，初始版本如图4.39所示[94]。从图4.39中可知，这种装置是手持使用，像使用鼠标一样，操作时食指放在触觉呈现部分，移动鼠标。鼠标大小的黑色塑料盒内置光学鼠标的主要电子元件和点显器（SC2，KGS）。SC2是先于SC9的销售型号，SC9的长度比SC2短10mm。由于还可以用作鼠标，黑色塑料盒上面还设置了左右按键。

图4.39 最初开发的指尖呈现型触觉鼠标

SC2中内置移位寄存器，探针的上下运动控制已在4.4.3节中介绍过。此装置只有CLOCK、DATA、STROBE、+200V、+5V、GND（+200），GND（+5）7条输入线，以及鼠标线，将电线对鼠标操作的影响降到最低。

我们对这种触觉鼠标所需的刺激探针间距进行研究。为此制作了探针间距为1.2mm、1.9mm、2.5mm的呈现部以研究呈现能力，如图4.40所示。

图4.40 含三种探针间距的触觉呈现部分

　　研究实验中向被实验者随机呈现三角形、正方形、正五边形、正六边形、圆形五种图形，令被实验者回答图形类别。图形的呈现方式如图 4.41 和 4.42 所示。图 4.41 中，计算机屏幕用 4×6 的格子表示呈现面。网格对应探针的位置。鼠标指针指向格子的中心位置，移动鼠标，用格子的一部分覆盖图形，则图形与格子重合部分的网格颜色发生变化。控制变色格子位置的探针突起。因此图 4.41 状态下，三角形边的部分对应的探针在呈现面上突起，如图 4.42 所示。

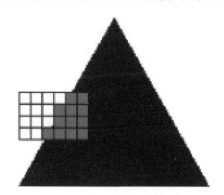

图 4.41　屏幕上的格子与图形的关系

图 4.42　格子处于图 4.41 位置时探针的突出方式

　　分析探针间距和回答正确率的关系发现，并非间距越小，正确率越高。间距 1.2mm 的正确率比其他两种情况低 10%～20%。举个例子，1.2mm 仿佛从小孔中观察图像，沿图形边缘移动指尖上 3.6mm×6mm 的极小区域并辨认，导致正确率降低。实际在被实验者的反馈中也有意见认为呈现区域较小使人心烦意乱。

　　接下来求图形面积和呈现面积的比，分析它们的比与正确率的关系。设 75% 的正确率为阈值，则三个条件下，2.5mm 和 1.9mm 大于 1，1.2mm 大于 3，超过正确率 75%。实验还证明，在 2.5mm 的条件下对探针的可动范围设限，使呈现面积与1.9mm相同，则2.5mm的正确率比1.9mm低10%。上述结果得出的结论是，在呈现图形时1.9mm的探针间距最佳。但由于评价时并未对1.2mm提供充足的呈现面积，所以我们决定为1mm间距大幅度扩大呈现面积，在下述试作品中再次进行研究。

为了通过上述触觉鼠标扩大呈现面积，我们开发了图4.43的触觉鼠标[94, 95]。这种鼠标搭载了8×8的双压电晶片型压电致动器的SC5。SC5的体积远远大于上述SC2和SC9，因此我们也设计制作了大盒子。与上述触觉鼠标相同，它内置光学鼠标的电子元件，也可以当作鼠标使用，但由于它远远大于操作者的手，所以使用受限。

图4.43 8×8型触觉鼠标的使用情景

这种触觉鼠标的研发目的是用当下的致动器技术研究最大限度地增大探针密度和呈现面积后的触觉呈现能力。为了验证上述搭载SC2的触觉鼠标可临时得到的探针间距为1.9mm，并且完全够用，我们准备了图4.44中的探针间距为1mm和1.8mm的转换器。

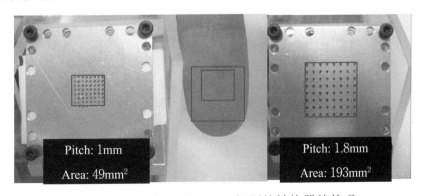

图4.44 1mm间距和1.8mm间距的转换器的外观

　　2.1.3节中我们曾预测过探针的最佳间距为接近1mm。上述搭载SC2的触觉鼠标呈现图形时，我们得到的结论是1.9mm就完全够用。由于搭载SC5的触觉鼠标具有充足的呈现面积和1mm间距，接近预测最佳值，所以采用图4.45中的纹理对搭载SC5的触觉鼠标进行评价。我们会在第5章详细探讨得到的结果，从结论上说，1.8mm间距和1mm间距的转换器在呈现能力上并无明显差异。通过制作实物纹理来研究人的识别能力，我们发现采用实物的识别能力提高了3倍。实物呈现和触觉鼠标呈现的最大区别在于触摸对象与手指间是否发生相对运动。

图4.45　虚拟纹理示例（左：正方形纹理，右：菱形纹理）

　　根据上述结果，我们考虑增加致动器，在x–y平面内移动呈现面，在手指指腹上呈现剪力[98, 99]。因此我们借用了富士XEROX的触觉鼠标[100]。富士XEROX的触觉鼠标去掉外罩后如图4.46所示。

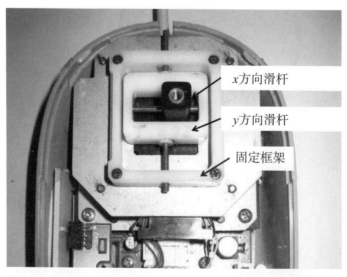

图4.46　剪力呈现触觉鼠标（富士XEROX的触觉鼠标）

　　图4.46展示了固定框架、x方向滑杆、y方向滑杆。y方向滑杆上设置了纵向轴，穿过固定杆上的孔，这样y方向滑杆就能够纵向移动。y方向上也设置了横向

轴，x方向滑杆能够沿横轴移动。根据x方向滑杆音圈电机的原理，鼠标就能够在x-y平面内运动。

笔者等人为了同时呈现压觉分布和滑行方向的力，在x方向滑杆上的螺钉孔中安装了SC2。这样研发出的触觉鼠标的外观如图4.47所示。

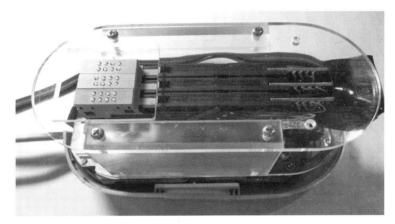

图4.47 同时呈现压觉和剪力的触觉鼠标

这种鼠标的使用情景如图4.48所示。

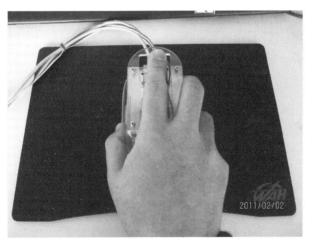

图4.48 同时呈现压觉和剪力的触觉鼠标的操作方法

由此可见，同时呈现压觉和滑觉使得图形识别精确度超过了仅靠SC2展示分布压觉的情况，实验结果讨论详见第5章。

4.5.3 手掌呈现型触觉鼠标

如2.1.3节所述，根据两点阈(two-point limen)，指尖呈现的探针间距约需2mm，考虑到感受器的密度，间距应尽可能缩短到1mm以下。如果用于呈现图形，从上一节的指尖呈现型触觉鼠标的试做结果可知，约2mm的探针间距即可。虽然只用食指在有限面积上的呈现也能识别图形，但是这样会使操作者心烦意乱。当然，呈现所需的显示屏越大越好，但是在鼠标上搭载触觉显示器并作为触觉鼠标使用时，上述8×8的SC5已是极限，如果触觉显示器过大，则难以用鼠标操作。

因此我们暂时放弃指尖呈现，转而研发手掌呈现触觉鼠标。手掌上手指根部的拇指球的两点阈约为13mm，3mm探针间距的SC5也完全可以满足密度需求。我们的策略是在手掌呈现型触觉鼠标中积累触觉鼠标的设计数据，静待将来致动器技术的成熟。在实验中持续积累各种刺激图案对应的触觉刺激数据，当研发出数据手套这种刺激点密度与人的触觉感受器的分布密度相匹敌的理想型设备时，我们就可以提前掌握其使用方法。

基于以上思考，我们设计并制作了图4.49中的手掌呈现型触觉鼠标[101]。

图4.49　手掌呈现型触觉鼠标

图4.50展示了这种触觉鼠标的使用方法。用手掌的椭圆部分压住触觉显示器的包围部分，在桌面上滑动整个装置并进行操作。这台触觉鼠标采用了SC10，它的探针间距为2.4mm，小于SC5，探针数量为12×32。SC10的体积大于SC5，未将触觉显示器和鼠标放入同一个盒子中，而是采用了外接小型鼠标的方式。第5章中也有这种手掌呈现型触觉鼠标使用实验的详细介绍。

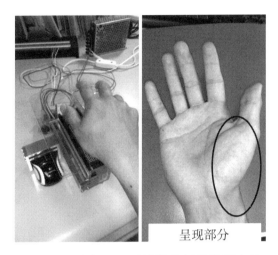

呈现部分

图4.50 手掌呈现型触觉鼠标的使用方法

第5章
应用实例

5.1 机器手触觉传感器的应用实例

5.1.1 机器人的结构

触觉传感器的价值就在于能够搭载在机器人身上进行作业。我们将第3章介绍的触觉传感器实装在机器人身上，令其进行拧螺钉和翻纸作业。

进行上述作业的自制机器人的结构如图5.1所示。这台机器人有两只手臂，每只手臂共5个关节：肩部2个关节，肘部1个关节，翻滚角和偏航角2个自由度。

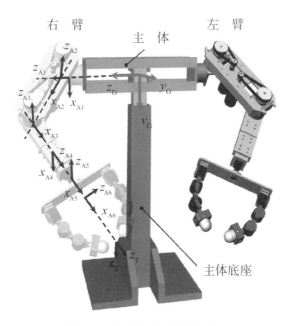

图5.1 机器人的整体结构

左右手臂的前端的手部各有两根具有3个关节的手指，如图5.2所示，手指根部关节用于控制手腕的俯仰角。因此这台机器人能够控制6个自由度的位置值和姿态。手指尖端搭载半球形三轴触觉传感器，其中敏感元件是图3.4中的圆柱触头–圆锥触头。

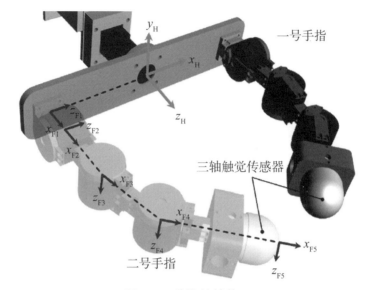

图5.2　手指的结构

5.1.2　机器人手握纸杯的倒水实验

　　本传感器不仅抗冲击力强，对环境噪声也有极强的抗干扰性，便于实验。有的触觉传感器在触碰到配线时会影响传感器值，不适合搭载在机器人身上实验，而本传感器则可以免去这些烦恼。

　　实验中令这台机器人手握纸杯，向纸杯中倒水。实验过程及结果如图5.3所示[102]。机器人向手握的纸杯中倒水的情景如图5.3的左图所示。如果对纸杯的握力过大，则会捏坏纸杯，所以这项作业成功的关键在于最小握力。

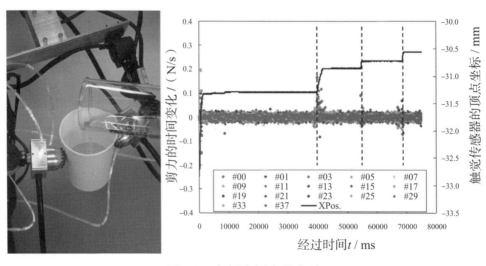

图5.3　向杯中倒水的实验

这时得到的传感器输出中，剪力的时间微分和二号指尖坐标的时间变化如图5.3的右图所示。图中的#00，#01，……号码表示传感器的敏感元件的地址。地址如图5.4所示，例如，#00表示头顶。

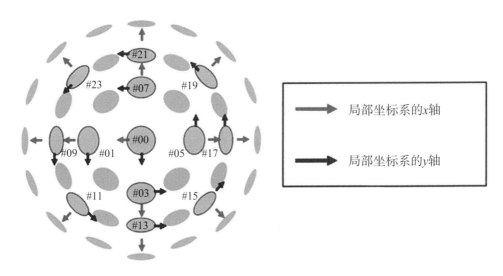

图5.4　触觉传感器的敏感元件的地址

观察图5.3右图的剪力的时间微分变化可知，平行于纵轴的虚线时间中出现了峰值。我们曾在图3.4的说明中提到，这种传感器的原理是受到剪力后发生倾斜，导致重心移动，从而探测剪力。继续增加剪力，触摸到对象物体的尖端在对象物体表面发生滑动，则重心发生明显偏移。

上述峰值就是这样探测得到的。机器人的程序如果检测出这种明显的重心移动，就会阶梯式增加握力。发生滑动期间，上述握力不断增加，滑动停止时，握力也会停止增加。如图5.3右图所示，经过时间0秒前后的峰值是第一次接触纸杯的瞬间产生的滑动，随后三条虚线表示的时间点分别倒水三次。实线表明每次都可以观测到峰值，指尖向手部坐标的原点缓慢移动。

本触觉传感器处理图像时需要在图像数据的操纵上花费时间，在接近100ms的采样时更新触觉数据。如果用只能进行单点数据测量的力传感器通过同样的采样握住纸杯，则只能在纸杯从手中滑落之后提升握力。而这种机器人能够分布测量三轴触觉，可以探测到始于周围的滑动预兆，提前提升握力。实验充分发挥了三轴触觉能够获得三轴力分布数据的优势，成功地确保了纸杯完好又不会滑落的最小握力。以往对机器人采样时间的要求是1ms以下，但如果能够获得触觉数据等分布数据，就可以放宽要求。

5.1.3 拧瓶盖实验

下面我们来介绍机器人拧瓶盖实验。拧瓶盖实验是使指尖轨迹随瓶盖移动，瓶盖和手指之间产生滑动时就会增加握力。多次拧动瓶盖后，瓶盖拧紧，手指1的指尖在瓶盖表面明显滑动时，指尖的轨迹如图5.5所示。初始轨迹和最终轨迹分别如虚线和实线所示[103]。

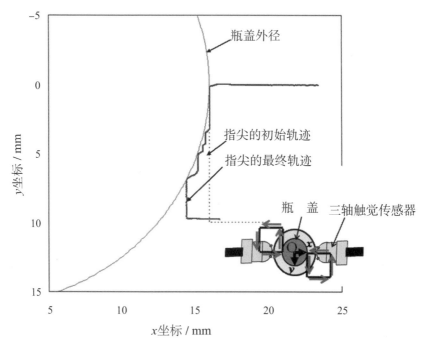

图5.5 拧瓶盖作业中得到的指尖轨迹

从图5.5中可以看出，最终轨迹与瓶盖外形形状吻合。随着机器人拧瓶盖作业的进行，逐渐获得与瓶盖外形形状吻合的轨迹，这种现象表明它能够通过对象物体和机器人的交互作用采取最适宜的动作，无需提前将智能植入机器人，只要得到充分的触觉信息就能够反复进行动作和探测并获得知识。

5.1.4 两个元件的组装实验

吉布森的Affordance理论[104]将生物在行动过程中根据生物与外界的交互作用而获得的知识称为Affordance，笔者等人基于此理论，根据5.1.3节的实验结果联想到了机器人控制[105, 106]。如果这种控制法可行，就可以摆脱将所有组装方法植入机器人这一传统思路。无需事先编程，将吉布森所说的环境作为作业对象，提前将作业对象信息输入机器人。也就是说，精心研究物体形状，令机器人能够一边触摸，一边尽可能插装和拧螺钉。看机器人能否在触摸过程中反复试错，逐步完成组装作业。以此为线索，我们进行了通过反射行为组装两个零件的实验。

实验结果的分解照片如图5.6所示。实验从右手握住瓶盖，左手握住瓶子的状态开始。输入机器人的反射行为是：

（1）瓶口与瓶盖缓慢碰撞，持瓶盖的手指感知到滑动后左手反射性停止动作。

（2）从受到碰撞开始拧瓶盖。

（3）拧完瓶盖，持瓶子的左手开始向左抽出瓶子。

（4）右手感知到滑动后反射性地降低握力。

虽然范围有限，但这个实验实现了Affordance原理的组装作业。

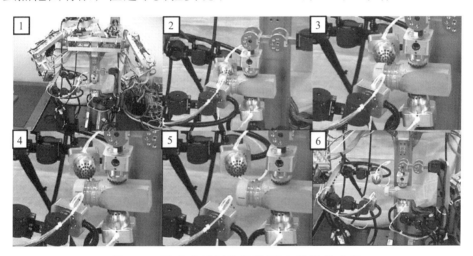

图5.6　通过反射行为组装两个零件的实验

5.1.5　翻纸作业

时至今日，机器人仍然很难处理纸类韧性材料，而现实世界中却充满各种各样的韧性材料，大部分食材和服装都是韧性材料。不仅家庭内部，工厂也常常涉及电线和薄膜等韧性材料。因此如果机器人能够处理韧性材料，必定能够大大拓展机器人的应用范围。

因此笔者等人选择极具代表性的韧性材料——纸，用上述计算机进行纸类处理实验[107, 108]。此实验需要解决材料和控制相关问题。首先在材料选择上，纸种类繁多，第三者很难效仿此实验。因此我们采用相对容易准备且品质稳定的纸币。其次，处理纸类需要以触觉信息为基础的转矩控制。为避免机器人失控，我们在电机控制中选用只能进行位置和速度控制的驱动器。为了使这台机器人也能进行力控制，我们采用了以位置控制为基础的力控制，这样就解决了第二个问题。

首先来讲解以位置控制为基础的力控制，框图如图5.7所示。这种控制方法同时指定指尖的位置和指尖产生的目标力值。触觉传感器测量发生力的当前值，根据目标值和当前值的差分计算指尖的目标修正值，如下所示：

$$P_{\text{F\_ref}} = C(F_{\text{ext}} - F_{\text{F\_ref}}) \tag{5.1}$$

其中，系数 C 来自实验，相当于机器手指和触觉传感器的柔度。将修正后的指尖目标值输入机器人的运动学逆解公式，求出目标角度，再将结果输入机器人的电机控制器中，使机器人工作。

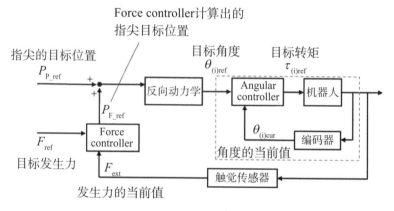

图5.7 以位置控制为基础的力控制

从上述原理可知，虽然可以同时设定位置和力的目标值，但实际上是为满足发生力的目标值而修正位置。因此实际上并未同时满足位置和力的目标值。

为确定上述式（5.1）的柔度 C，我们变换不同的 C，用手指按压桌子进行实验，结果如图5.8所示。从图5.8可知，如果 C 过大，在达到目标值之前会发生过冲并振动。相反，如果 C 过小，则需要较长时间才能达到目标值。在不发生振动的范围内，以尽可能缩短稳定时间为条件，选择 $C = 0.8\text{mm/N}$。

接下来要确定最佳按压力，在实验中用各种按压力从叠放在桌子上的纸币中翻起最上面的一张。实验情景如图5.9所示。首先①在以位置为基础的力控制下用指定按压力按住纸币，然后②~④在保持①的按压力的状态下通过位置控制使左右指尖向内侧运动。这时如果按压力不够，最上面的纸币会从指尖滑落，无法翻起。但如果按压力过大，又会翻起多张纸币。为了通过实验确定最佳按压力，我们改变不同的按压力F_{F_ref}进行翻纸实验。实验力度分为6种：0.1、0.4、0.7、1.0、1.3和1.6N。结果表明$F_{F\_ref} = 0.4(N)$为最佳选择。

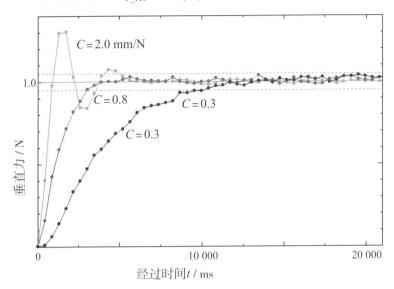

图5.8 柔度系数C的调整

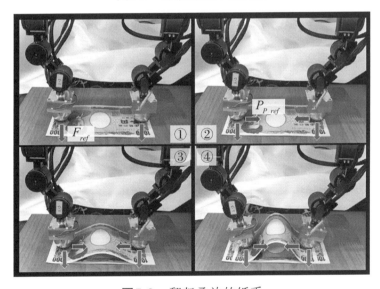

图5.9 翻起叠放的纸币

最后，从叠放的纸币中仅取出一张纸币，实验情景如图5.10所示。

①和②，左手进行图5.9的动作，使最上方的纸币形成足够大的拱形，③将右手的手指伸入拱形中，④取下一张。而且即使在步骤②中使两张以上的纸币形成拱形并取下，也可以如图5.11所示，通过手指的滑动，检测剪力变化，从而判断取下的纸币数量。

图5.10 左手翻起，右手抓取

图5.11 手指的滑动

5.2 应用于VR触觉显示器

5.2.1 力觉和触觉综合呈现下的虚拟作业

为了确认作业时触觉呈现的有效性，我们在4.5.1节介绍了搭载夹具的控制器型触觉显示器[96, 97]，能够同时呈现力觉和触觉。

首先介绍用此装置进行虚拟插销入孔实验的应用案例。此实验用于分析手握工具操作时，触觉呈现对操作性有多少影响。触觉显示器为平面控制器，所以此设备无法立即进行实用。但是它的结果会成为未来的机器设计的标杆。

控制器的运动限制在平面内，所以虚拟孔的运动也有 x、y 位置和偏航角 θ 的 3 个自由度，虚拟销和孔的关系如图 5.12 所示。

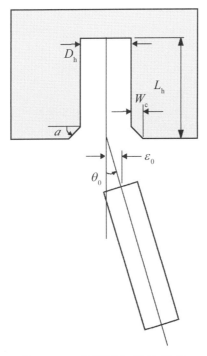

图5.12 虚拟销与孔的关系

被实验者用两根手指握住虚拟销，插入虚拟孔。被实验者操作夹具，手指的基本姿态如图 5.13 所示。被实验者在插销时感受接触孔产生的力和力矩，同时也能感受到触觉显示器的探针的突起状态，如图 4.38 所示，能够感受到销的姿态。

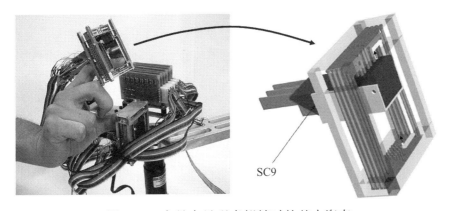

图5.13 夹具在呈现虚拟销时的基本姿态

　　实验开始时，孔和销的中心轴的方向一致，在手持销时不断碰撞并左右探索，就会自然地将销插入孔，我们分别在初始姿态为 $\theta_0 = 5°$ 和 $\theta_0 = 10°$ 的两种条件下进行了实验。

　　插入实验中，不同被实验者和每次实验的插入完成时间都不同，所以要进行平均化处理，插入完成时间较短的实验要视作结束后保持姿态不变，以配合同一实验中时间最长的案例。间距为 1.75mm 时，四个被实验者的结果平均化后，销的姿态变化如图 5.14 所示。

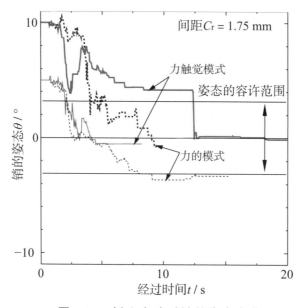

图5.14　插入实验时销的姿态变化

　　如图 5.14 所示，初始姿态为 5° 时，只有力觉时倾斜插入，但同时呈现力觉和触觉时倾角几乎为 0°，径直插入。初始姿态为 10° 时，只有力觉时也在接近 0° 的状态下完成了作业，同时呈现力觉和触觉时以更加接近 0° 的值完成了作业。尤其是同时呈现的情况下，在经过 12s 后突然修正了销的姿态。这应该是由于被实验者通过触觉呈现感知到销的姿态并进行了修正。综上所述，只有力觉呈现时也可以插入销，但加上触觉信息后有望提高作业性。

5.2.2　形状呈现实验

　　上一节的呈现装置虽然可以放置在桌面上，但体积还是比常用的鼠标大很多。而且由于它需要电机和控制设备，价格也偏高。如果鼠标也可以加装触觉呈现功能，应该能打造成更加方便使用的界面。人们多次尝试令平板末端感知振动带来的触感，但是如果鼠标能够呈现触觉，就能同时呈现图像信息和触觉信息，有望呈现网络购物等所需的触感，亦或在远程医疗中将触诊信息传达给医护人员。

目前使用中的触觉显示器的性能尚无法满足需求，但尝试在鼠标上搭载触觉显示器并探讨其可能性对呈现装置的发展意义重大。基于上述思考，最初的研发产物就是图4.39中的指尖呈现型触觉鼠标[93]，本节就探讨其呈现性能。

这种触觉鼠标的性能调查主要针对探针间距对呈现性能的影响，如图4.40所示，我们设计制作了1.2mm、1.9mm和2.5mm三种探针单元。分析不同探针间距下图形的识别精确度和反应时间，以求找到最佳的探针间距。

上述三种分布压觉呈现装置都有24个探针，但探针的间距各不相同，分别为1.2mm、1.9mm和2.5mm，所以呈现面积分别为31.1mm^2、68.6 mm^{2}和104.5mm^2。我们在呈现面积相同的条件下分析探针间距和图形的识别精确度的关系。调整呈现面积，使24根探针的一部分保持不动。

我们无法使31.1mm^{2}的小呈现面积配合104.5mm^{2}的大呈现面积，因此可以在31.1mm^{2}的呈现面积上实验1.2mm、1.9mm和2.5mm三种探针间距，但68.6mm^{2}的呈现面积上只能对比实验1.9mm和2.5mm两种探针间距。

向被实验者呈现的刺激为18种虚拟图形，包括6种大小的圆形、正三角形、正方形。呈现图形的尺寸设定为外接圆直径分别为50、70、90、110、130、150像素。各种图形分别随机出现两次，共呈现36个图形。被实验者不看CRT画面，仅凭触觉信息识别图形，在明确识别出图形特征后结束实验，强制令其选择与所触摸图形一致的图形。实验中，不告知被实验者回答的正误。

呈现面积为31.1mm^{2}时，各探针间距对应的图形识别的正确率和判断时间如图5.15所示。1.2mm间距和1.9mm间距的探针配置的模块对应的图形识别的正确率分别为85.4%和86.1%，基本相同。而2.5mm的探针间距下，图形识别的正确率低至74.3%，而且识别时间上升至22.8s。

如表2.3所示，指尖的两点阈为2~3mm。为本研究的被实验者（5名主视眼为右眼的男性，平均年龄23岁）重新测量两点阈，手指的长和宽的平均长度分别为1.7mm和1.5mm。上述两点阈对应人的触觉空间分辨率，2.5mm的探针间距大于上述值，所以指尖呈现的触觉图像分辨率比人更粗糙，在识别虚拟图形时比1.2mm和1.9mm更难，因此正确率更低，识别时间更长。但是用2.5mm的探针间距的模块在约31.1mm^{2}的面积上呈现分布压觉时，探针只有6个。如果呈现面积过小，低密度探针则无法提供充足的图形识别信息，更难以识别。

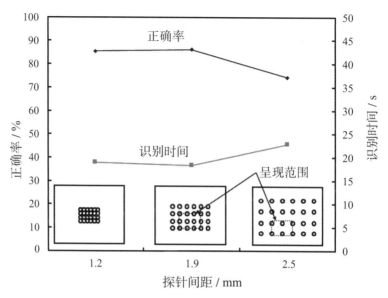

图5.15　呈现面积31.1mm²时的正确率和识别时间

为了探讨充足的呈现面积，我们将呈现面积扩大到68.6mm²，此时图形识别的正确率和识别时间如图5.16所示。另测量被实验者的手指接触面，接触部分的宽度平均值为11.2mm，约等于呈现面积为68.6mm²时的呈现部分宽度10.4mm，可见呈现面积充足。图5.16比较了1.9mm间距和2.5mm间距的实验结果，图形识别的正确率分别为91.0%和81.3%，探针间距为1.9mm时正确率约高10%。而且识别时间分别为14.4s和14.7s，基本相同。由此可知，即使呈现面积充分，2.5mm的探针间距也显得过大。

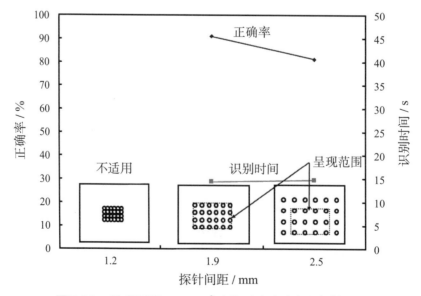

图5.16　呈现面积68.6mm²时的正确率和识别时间

根据上述讨论可知，探针的间距应小于1.9mm。这个数值约等于上述两点阈1.7mm。因此探针阵列型呈现装置在呈现虚拟图形时，探针间距不必小于两点阈。

接下来，为了求出本系统能够呈现的最小图形尺寸，我们调查了1.2mm、1.9mm和2.5mm三种探针间距的图形识别精确度。设电脑屏幕上的鼠标指针（扫描面积）大小为33像素×49像素。选择大小不同的圆形、正三角形、正方形、正五边形、正六边形各6种作为将要呈现的刺激，各个图形的外接圆直径分为6种，分别为50、70、90、110、130和150像素。每种图形随机出现两次，共向被实验者呈现60个图形。被实验者不看计算机屏幕，仅凭触觉信息识别图形，在明确识别出图形特征后结束实验，强制令其选择与所触摸图形一致的图形。实验中，不告知被实验者回答的正误。三种探针间距分别进行3次、共9次实验，记录正确率和识别时间。

通过心理物理实验得到本系统可识别的虚拟图形的正确率和判断时间，将虚拟图形的面积和鼠标指针的面积比（以下简称面积比）作为横轴，如图5.17所示。图5.17表示5种虚拟图形的平均值。

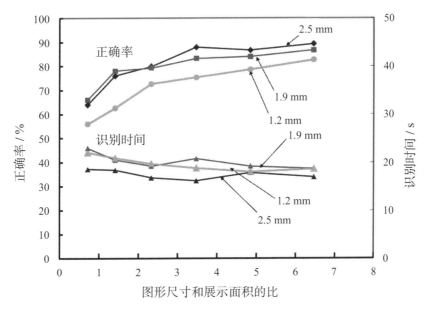

图5.17　呈现图形的尺寸对正确率和消耗时间的影响

首先由探针间距为1.9mm时的正确率的关系可知，面积比为1.5时弯曲的2条直线相似。探针间距为2.5mm时也有类似关系，探针间距为1.9mm和2.5mm的结果基本相同。而探针间距为1.2mm的结果与上述二者不同，弯曲点向面积比3移动，正确率整体偏低，但两条直线相似这一点是一致的。正确率曲线为两条相似的直线，表明识别难度以某个面积比为界发生变化，探针间距1.9mm和2.5mm的面积比大于1.5，1.2mm的面积比大于2，随着面积比的增加，正确率的增加量显著减少。

基于上述分析和安全考虑，将与鼠标指针的面积比为2的图形设为可呈现的最小图形。如果面积比大于2，探针间距为1.9mm和2.5mm的模块可以得到80%以上的正确率，1.2mm的模块可以得到70%以上的正确率。面积比大于2时，识别时间几乎不变；面积比小于2时，虚拟图形越小，识别时间越长，由此可知，面积比2可以作为最佳基准。

根据上述讨论，我们证明了试做的触觉鼠标图形可以用于形状呈现。但是多数被实验者认为$31.1mm^2$和$68.6mm^2$的呈现面积过小。很多人表示，虽然2.5mm的探针间距大于两点阈，但呈现面积为$104.5mm^2$的2.5mm探针单元在三个单元中最容易识别。可见在狭小区域中分辨图形相当于管中窥豹，呈现面积过小会给被实验者带来精神压力。

5.2.3　虚拟纹理呈现实验

基于上述触觉鼠标的经验，我们在下一次试做中将触觉显示器的呈现面积从6×4增加到8×8，研发出图4.43中的触觉鼠标[46, 94, 95]。1mm间距和1.8mm间距分别对应$54.8mm^2$和$164.0mm^2$的呈现面积。1mm间距的呈现面积略小于上述1.9mm间距，但是由于探针间距远远小于两点阈，有望呈现细小图形组成的纹理。如图4.43所示，这种尺寸已经到达作为鼠标使用的极限，如果尺寸过大就很难在虚拟纹理上摩擦。我们以致动器阵列的小型化作为将来的课题，探讨这样的触觉鼠标能否在1mm间距下呈现纹理。

第三者很难判断被实验者能否感知虚拟表面形成的纹理。在上文的形状识别中，我们用图形正确率进行了评价。壁纸和榻榻米的接缝等纹理很难用语言形容。有些纹理仅用较少的参数即可呈现形状变化，因此我们采用心理物理实验方法，改变这些纹理，评价改变参数时的辨别精确度。

如图4.45所示，我们采用了纹理图案随角度变化而变化的方格纹理。实验中，在左右展示两种纹理，但只有实验者可以看到液晶屏。被实验者选择将触觉显示器上的图案展示在左边或右边。如图5.18所示，左右一边作为试验中不变的标准刺激，被实验者可以通过输入按键改变另一边的角度。选择心理物理实验法中的调整法，使被实验者自行调整，令左右纹理尽可能一致。实验开始时的初始角度差随机变化。被实验者自行调整，可以避免心理物理实验中被实验者常有的乏味感，进而获得稳定的实验结果。

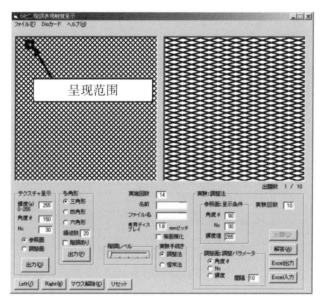

图5.18　纹理呈现实验的显示画面

调整后，标准刺激和比较刺激的方格花纹中最后留下的就是可以识别的角度差。也就是说，最终值对被实验者来说是可以识别的方格图案的差。心理物理学将这种差别叫作辨别阈。由于难以辨别被实验者感知到纹理还是认识这种纹理，我们改变各种条件，分析辨别阈的变化，从而间接调查被实验者是否将其认知为纹理。

我们也需要像形状识别一样进行多种呈现面积的实验。我们准备了三种装置：1mm间距的呈现装置、1.8mm间距的呈现装置、固定若干缩回的探针使1.8mm间距的呈现装置的呈现面积与1mm间距的呈现装置相等，分别将它们表示为A：1mm间距，B：1.8mm间距，C：S1.8mm间距。针对7名被实验者，将比较刺激的方格角度作为横轴，角度辨别阈的平均值作为纵轴，进行调整法得到的结果如图5.19所示。从图中可知，三种结果几乎相同且重叠。根据此结果求辨别阈，则A：1mm，B：1.8mm，C：S1.8mm间距分别对应13.0°，13.0° 和11.4°，辨别阈之间没有太大差距。

探针间距较大、呈现面积较小的C：S1.8mm的辨别阈最小，探针间距1.8mm已饱和。从上述结果可知，展示方格状纹理也许只需要1mm间距的呈现面尺寸和约1.8mm间距的探针。

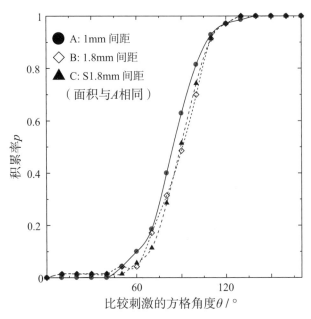

图5.19　呈现装置的差异对方格图案识别的影响

接下来研究能够识别的纹理的细腻程度。设纹理的细腻程度，也就是接触区域的一边的垄的数量设为N。以图5.18的左边标准纹理为例，则$N = 30$。数字越大，纹理越细腻。使用B：1.8mm间距的触屏，以N为参数，通过调整法求辨别阈，结果如图5.20所示。从图中可知，N越大，即纹理越细腻，则辨别阈越大，所以虚拟纹理的识别率越低。辨别阈的增大倾向以$N = 50$为界发生不连续变化。因此本装置呈现的纹理细腻程度不应超过50。

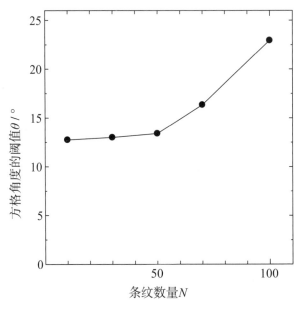

图5.20　纹理的细腻程度和辨别阈的关系

5.2.4 同时呈现压觉和剪力的实验

目前为止我们探讨的形状呈现和纹理呈现都是通过心理物理实验评价呈现装置的。但本研究的呈现装置采用的是用手指按压呈现面，感知突出的探针图案的方式，无法用手指感受到抚摸对象物体表面的摩擦感。因此我们开发出了在呈现剪力的鼠标上搭载SC2的触觉鼠标[98,99]，如图4.47所示。下面我们来介绍同时呈现压觉和剪力的鼠标性能试验结果。

既然能够呈现剪力，手指按在边缘处产生剪力，就能够强调边缘的存在。而且光标完全放在虚拟图形上，则呈现面的探针全部突起，但如果始终保持这种状态，被实验者就无法判断现在光标是否在虚拟图像上。增加虚拟图形的摩擦，则光标位于虚拟图形上，在表面滑动手指就可以感受到摩擦，被实验者就可以判断出自己的手指是否在虚拟图形上。根据上述剪力呈现的优势，形状识别的精确度有望得到提升。

要想准确识别形状，首先要准确识别边缘线的方向，所以在探讨形状识别的精确度之前，我们意图通过同时呈现压觉和剪力探讨能提升多少边缘线方向的辨别精确度，而不是只呈现压觉。其中手指触摸到边缘时，会产生两个方向的剪力，即垂直于边缘方向的剪力和边缘方向的剪力，如图5.21所示。前者发生于手指接触边缘时，意在通过产生的冲击力强调边缘线，后者表现的是手指沿边缘线滑动的感触。

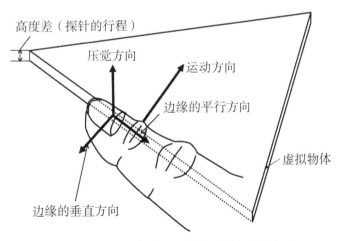

图5.21 越过高度差时产生的剪力的方向

此实验也采用上述纹理实验的调整法，实验情景如图5.22所示。

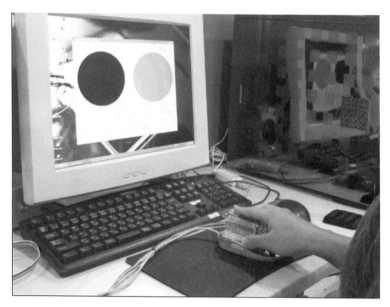

图5.22　同时呈现压觉和剪力的鼠标的实验情景

如图5.23所示，实验会给出标准刺激和比较刺激的边缘方向，被实验者调整比较刺激的边缘方向，使二者一致。实验中呈现给被实验者的画面中，边缘方向用实心圆挡住。

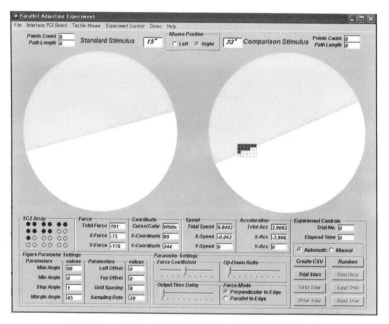

图5.23　实验中呈现的标准边缘和比较边缘

为了比较真实的边缘方向研究结果，我们进行了心理物理实验，使用的实验装置上有左右两个放有真实边缘的电动旋转台，如图5.24所示。真实边缘实验中，被实验者操作电动旋转台的控制器来调节比较刺激的边缘方向，使之与标准刺激的边缘方向一致。在采用真实边缘的实验中，为了屏蔽被实验者的视觉信息，被实验者佩戴眼罩。

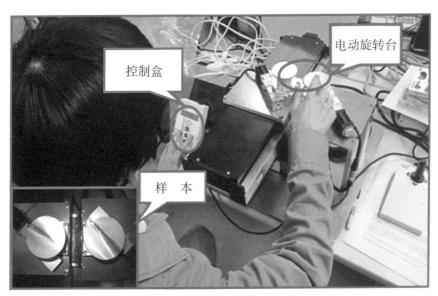

图5.24 真实边缘实验

虚拟边缘方向呈现实验中得到的出题边缘方向和调整后的边缘方向的关系如图5.25所示。图中的虚线表明出题边缘和调整后的边缘方向完全一致。图中展示了只有压觉、压觉和垂直剪力呈现、压觉和平行剪力呈现的结果。在这三种条件中，30°的标准刺激条件下，只呈现压觉时的精确度约比同时呈现压觉和垂直剪

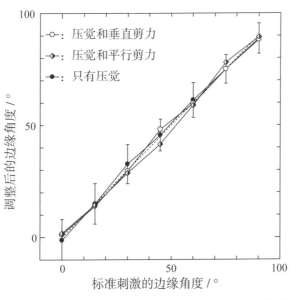

图5.25 触觉鼠标对虚拟边缘方向的调整结果

力时的精度低3°。45°时不同刺激条件的精确度也大不相同。也许是由于0°和90°对被实验者来说便于调整，这两种条件下几乎没有误差。

为了与上述结果作对比，真实边缘的调整结果如图5.26所示。比较图5.25和图5.26，除0°以外，真实边缘几乎没有误差，虚线与直线完全吻合。

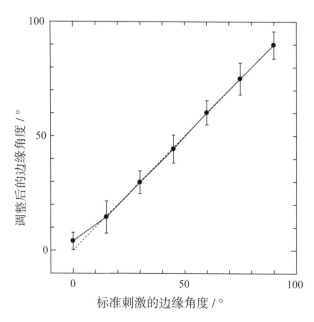

图5.26　真实边缘方向的调整结果

只有0°时产生了约4°的误差，这应该是因为真实边缘的实验中，被实验者面前的两种样本的位置在水平方向相隔20~30cm。

为了比较真实边缘和触觉鼠标的边缘方向调整，每次标准刺激的调整准确度的标准偏差如图5.27所示。从图中可知，触觉鼠标整体偏向右下，真实边缘略偏向右上。上文中真实边缘在0°时有4°的误差，可以解释为右手在左右摸索时产生的误差。而且在触觉鼠标的三个条件中，呈现平行剪力时，除0°以外，所有角度条件下都显示最小值。调整法将标准偏差叫作辨别阈，所以平行产生剪力时辨别阈更小，对边缘线方向变化的敏感度更高。

同时呈现压觉和剪力能够使图形识别的精确度提高多少呢？为此进行的形状识别实验结果如图5.28所示。此实验向被实验者呈现正三角形、正方形、正五边形、圆形四种形状，将只有压觉和同时呈现压觉和剪力两种条件进行对比。实验中的剪力呈现与上文中的边缘方向探测不同，光标移动到图形上后，在移动方向和反方向产生与光标移动速度的绝对值成正比的剪力。由图5.28可知，正方形、正五边形和圆形条件下的复合呈现的正确率最高。由此可知在压觉中增加剪力呈现可以提高图形识别的精确度。

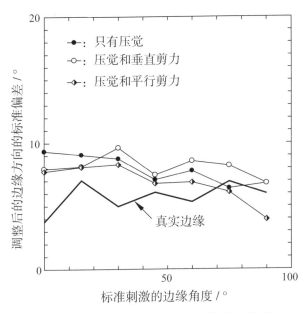

图5.27 标准边缘和标准偏差的关系

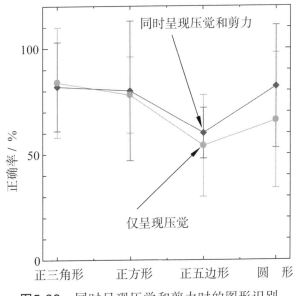

图5.28 同时呈现压觉和剪力时的图形识别

5.2.5 手掌呈现型触觉鼠标的性能检验实验

根据上述各种触觉鼠标实验得到的结论如下：

（1）探针间距必须小于两点阈。

（2）呈现面积过小则辨别能力降低，纹理识别约需要50mm^{2}的面积。

（3）在压觉分布上增加剪力有望提高边缘方向探究和图形识别的精确度。

食指指尖的两点阈小于2mm，所以触觉显示器设计必须确保探针间距小于2mm，并且呈现面积达到50mm^2，才能展现出充分的呈现能力。但是并非食指指尖的呈现面积满足50mm^{2}即可，这只是最低要求。而且小于2mm的探针间距也并不充分，根据上文中仲谷等人的研究成果[13]，如果实现了充足的呈现面积和致动器行程，可能需要约1mm的探针间距。而且如果中指和无名指也同时触摸，呈现面积增加若干倍，会得到更加自然的触觉感受。要达到上述探针间距和呈现面积配置，需要8×8以上的大型致动器阵列，现阶段只能期待今后微致动器的发展，以求搭载在鼠标上作为触觉鼠标使用。

为了用现有的致动器阵列进行虚拟现实感的呈现实验，我们计划暂且放弃指尖呈现，设两点阈为13mm，在面积比手指大5～6倍的手掌上进行呈现。手掌呈现可以同时满足足够大的呈现面积和足够小的探针间距。由此，我们开发出图4.49中的手掌呈现型触觉鼠标[101]。

待将来开发出呈现面积足够大，且探针间距足够小的致动器阵列，用搭载这种致动器的触觉鼠标识别边缘方向，届时用这种手掌呈现型触觉鼠标再次辨别边缘方向并评价致动器的性能。这时，传感方式分为两种：一种是被动接触，触屏不动，边缘移动，感知边缘方向；另一种是与之相反的主动接触，边缘静止，触觉鼠标移动，感知边缘方向，如图5.29所示。

主动接触是指向神经元发送指令，接收的信号作为感知副本被送至大脑的表面纹理解析器和运动解析器[109, 110]。这时纹理解析器统合上述感知副本、触觉感受器发送过来的感知信号的触觉信息，以及肌肉内的肌梭发送过来的运动信息这三种信息并识别边缘方向。而被动接触则只通过触觉感受器中的触觉信息识别边缘方向。因此主动接触对边缘方向的识别精确度有望提高。

实验采用恒定法，首先通过被动接触在45mm/s、90mm/s、130mm/s和170mm/s的边缘移动速度条件下进行实验。结果表明45mm/s和90mm/s速度的辨别阈明显小于130mm/s和170mm/s。

例如标准边缘方向为70°时，90mm/s下可得到9.5°的辨别阈。也就是说，边缘方向变化大于9.5°时，被实验者能够意识到变化。如5.27所示，用指尖摸索真实边缘时，调整角度的标准偏差约为7°。由于调整法得到的标准误差被用作辨别阈，可以说手掌呈现型鼠标的边缘方向呈现精确度与用手指触摸真实边缘

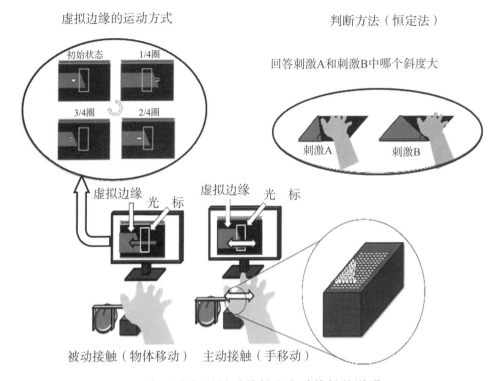

虚拟边缘的运动方式

初始状态 1/4圈

3/4圈 2/4圈

判断方法（恒定法）

回答刺激A和刺激B中哪个斜度大

刺激A 刺激B

虚拟边缘 光 标 虚拟边缘 光 标

被动接触（物体移动） 主动接触（手移动）

图5.29 触觉鼠标的被动接触和主动接触的说明

并判断方向时基本一致。由此可知此手掌呈现型触觉鼠标能够以充分的精确度呈现边缘方向。

接下来我们得到了被动接触和主动接触的边缘方向探究实验的结果。标准刺激70°下，主动接触的角度辨别阈为7.5°，比被动接触的9.5°改善了2°精确度，可以认为上述讨论中的感知副本效果假说成立。但是SPSS进行共分散分析（ANCOVER）后，被动接触和主动接触之间在抑制电平$p = 0.05$上也没有明显差异。因此我们未能确认触觉能够像视觉上的扫视现象一样，利用眼球运动生成的感知副本实现图像防抖。被动知觉也具有精确度得到充分补偿的信息处理结构。

上述的脑内信息处理结构正是因为手掌呈现型鼠标具有充分的呈现能力。希望在更加先进的致动器阵列诞生之前，本触觉鼠标能够得到有效利用。

5.3　触觉和力觉的错觉应用实例

5.3.1　错　触

如上文所述，现今的致动器技术也能够利用触觉显示器呈现简单图形和方格状纹理，但尚不能还原日常人类所感知的触觉状态。还原度更高的触感再现需要更高密度、更大呈现面积的触觉显示器。因此上文中提到期待今后致动器技术中微致动器研究的发展。

与此同时，还有一种探索是放弃极度接近实物的触感再现，通过不同于实物的刺激打造错觉，从而得到目标触感。呈现装置打造的表面即使实现了高密度、大呈现面积，但因为材质本身不同，被实验者很容易判断其为仿制品。既然如此，不如用错觉让人以为是实物，从这个角度实现想要达到的虚拟现实感也不失为一种研究方向。

视觉上的错觉被称为错视，触觉的错觉也随之被命名为错触。本书将在下文中使用错触这一术语。本节会通过错触介绍生成目标触感的研究。首先，我们来简单介绍几种具有代表性的错触。

错触的种类明显少于错视，但人们对它并不陌生[111]。古时候有著名的亚里士多德错觉，将两根手指交叉，在交叉处夹住一个物体，会让人误以为摸到了两个物体。

首先介绍梳子错觉，这是用手指压住梳齿的尖端，用笔等物体拨动梳齿的根部时产生的现象。虽然只有剪切方向产生振动，人却会错以为梳齿的尖端凸起。上述富士XEROX的触觉鼠标能够感知表面粗糙性应该也与这种错触有关。

在纸等材料上用胶水涂出细长的矩形，或者整体涂上胶水，只留出空白的细长矩形，这时来回触摸表面会产生名为Ridge-trough illusion的错觉。被实验者会错以为前者凸起，后者凹陷。即使触摸同一个表面，无论手指摩擦的阻力大小，只能感觉到凹凸感，与剪切方向的信息变化无关，这一点值得深入思考。

在金属等材质的平板上展示鱼刺图案，食指摸一下就能感觉完整，触摸这种图案时产生的错触现象叫作fish bone illusion[112]。图案的主干是直线，两边的数根枝干垂直于主干，并且以主干为轴，左右对称。主干和枝干表面高度相同，但是被实验者用手指触摸主干时却会感觉主干凹陷，发生错触。这种错触与上述ridge-trough illusion相似，主干相当于上述细长的矩形，周围的枝干成为触摸时的阻力，所以产生了相同的现象。

橡胶手错觉如图5.30所示，在被实验者的手旁边放置假手，假手受到触碰时，被实验者会感觉自己的手也受到了触碰[113]。这时可以选用粗糙材质的假手，最初实验中使用的是橡胶材质，因此此错觉被命名为橡胶手错觉。假手和真手之间设置隔板，遮挡被实验者的视线。实验者同时刺激被实验者和假手，将刺激假手的情景展示给被实验者。假手当然没有感觉，但是被实验者会感觉到假手受到的刺激。

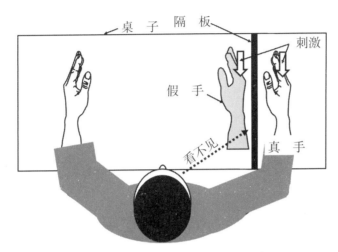

图5.30　橡胶手错觉的实验形式

"镜子疗法"[114]与这种错觉有关，适用于中风等失去手部知觉的患者。在不能动的手前面摆放镜子，倒映出正常的手，正常的手活动时，在患者看来，不能动的手也似乎动了起来。向不能动的手发送活动指令，辅助者同时帮助患者活动关节，这样有助于患者的机能恢复。

还有一种皮肤兔错觉，轻敲皮肤上的某点，紧接着轻敲相距约10cm的另一点，原本未受到刺激的两点之间会产生兔子跳过一般的错触现象。这种错触现象由来已久，Miyazaki等[115]再次发表了这种兔子从身上跳出的感觉。也就是说，左右两根食指顶住一根细棒（铝制，100mm×10mm×5mm），采用上文中的刺激间距对两根食指施加刺激，则人会产生刺激在细棒上移动的感觉。

最后来介绍天鹅绒错触（velvet hand illusion，VHI）。这种错触表现为两手摩擦金属网时会产生光滑的天鹅绒般的触感。关键在于两手要同步运动，如果两手错位则不会产生这种感觉。十多年前，旧金山的博物馆就曾演示过这种错触。这种错觉的魅力在于呈现出了光滑表面，而且这种表面实际上并不存在于我们两手之间，也就是"无中生有"。这种错觉告诉我们VR可以呈现出虚拟表面。

　　初期研究表明，一根钢线不会产生错觉，两根以上钢线才能产生错觉；单手不会产生错觉，用双手夹住才能产生错觉；两根钢线垂直于手的运动方向则错觉强烈[116]。后来人们进一步详细探讨两根钢线上产生的VHI，总结出了钢线间距和移动行程的比与VHI强度的关系，以及移动速度与VHI强度的关系等。5.3.4节会对VHI进行更详细的讲解。

5.3.2　运动错觉

　　肌腱和筋受到适度的振动刺激时都会产生拉伸的错觉。这是由于受到刺激的肌腱连接的肌肉内的肌梭误以为受到了拉伸[117, 118]。

　　肌腱受到较高频率的刺激时不会拉伸，反而会收缩，引起关联四肢运动，这种现象叫作紧张性反射。运动错觉不同于紧张性反射。紧张性反射发生在肌肉收缩的方向上，而运动错觉发生在拉伸方向上。运动错觉与反射的不同点还在于实际受刺激的四肢不动。希望将来可以利用上述性质，令无法运动的患者获得运动的感受，从而重拾自信。

　　有报告称，实际使摘掉石膏的骨折患者体验运动错觉能够缓解复健的疼痛，同时还有稳定情绪的作用[119]。这一事例也可以理解为活动有助于使人心神安宁。

　　全身配备小型振动电机，在不运动的状态下得到运动体验的研究也在进步。使四肢的运动错觉巧妙联动，有可能让全身瘫痪的患者得到心灵的慰藉。

　　目前为止，运动错觉研究得到了广泛发展，但是其产生条件仍不明确。不同文献对产生运动错觉的振动最佳值的描述都不同。因此笔者等人对产生运动错觉的最佳刺激条件进行了探讨。

　　被实验者的腕部屈肌腱受到振动刺激时会产生运动错觉，我们研发出一种装置来评价此运动错觉的强度（图5.31）[117, 118]。这种装置向右手腕部施加音圈电机生成的振动，用左手表现这时产生的运动错觉的大小。

　　实验结果示例如图5.32所示[120]，图5.32分别展示了桡侧腕屈肌（FCR）、掌长肌（PL）、尺侧腕屈肌（FCU）的结果。本实验不用左手还原，而是采用数值评估法，让被实验者用数字回答主观错觉的强度。图5.32的纵轴表示被实验者回答的数值。

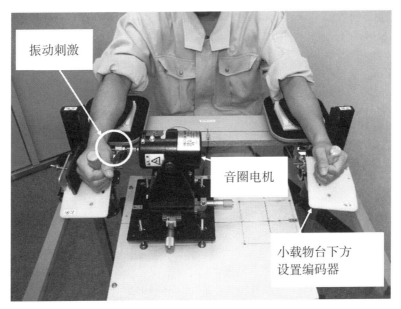

图5.31 运动错觉实验

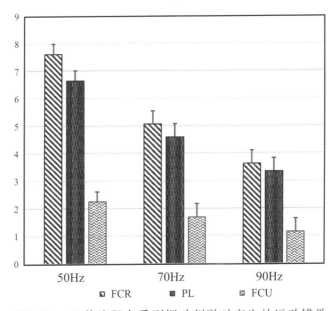

图5.32 三种腕肌在受到振动刺激时产生的运动错觉

由图5.32可知，最容易引起运动错觉的振动数为50Hz，与FCR、PL、FCU无关。随后的种种调查显示，50Hz和60Hz时运动错觉程度相同，现在人们大多认为60Hz最佳。最佳频率信息对致动器的选择极其重要。

人们还探讨了上一节中介绍的橡胶手错觉与运动错觉的结合[121]。如图5.33所示，被实验者面前有一台平板显示器。屏幕中播放用笔等物体施加刺激的影像，并实际同步刺激被实验者的手，则被实验者仿佛置身于影像之中。在此基础上播放产生错觉的手的伸展运动的视频时，被实验者也会错以为自己的手得到了伸展。将这种刺激与振动刺激相结合，则运动错觉得到了强化。这一实验结果表明多个展示器相结合可能会增强错觉。

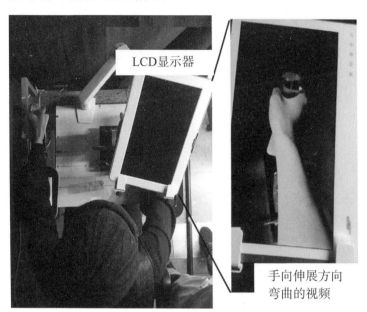

LCD显示器

手向伸展方向
弯曲的视频

图5.33 橡胶手错觉和运动错觉的同时呈现

因此即使生成错觉的刺激不同，只要满足错觉本身种类相同等条件，就能够增强错觉。

5.3.3 假性力触觉

假性力触觉（pseudo-haptics）是指通过定点设备等将身体的位置信息输入计算机，同时根据信息改变显示屏中的视频输出，在动态改变输入量对应的视频输出时，人会感知到假性力。如果能通过假性力触觉体验力觉，就可能省略触觉显示器所需的电磁电机等致动器。因此假性力触觉在简化设备的研究方向上备受瞩目。

力觉呈现能够呈现硬度，而硬度呈现与材质感的表现息息相关，对提高虚拟物体的真实感十分重要。为了证明假性力触觉能够呈现硬度，Lecuyer等将实体弹簧作为标准刺激，采用改变虚拟弹簧定数的恒定法，对心理物理学上的测度JND（just noticeable difference，最小可觉差）和主观相等点进行了研究[122]。

其后，Algelaguet等与Lecuyer一起由受外力的物体表面纹理图像的变化进一步开展用假性力触觉呈现硬度的研究[123]。笔者等人则为了提高触觉显示器的硬度呈现能力，推进假性力触觉的应用研究。结果分为两种：一种是触觉显示器的探针突起部分越大越坚硬，另一种是突起部分越大越柔软，因此需要对呈现方式加以改良。

4.1.1节作为基本结构介绍的显示屏也能够呈现力觉，所以我们采用在平面控制器末端搭载触觉显示器的装置结构，如图4.1和图4.2所示。其后随着装置简化的发展，以及对增大触觉呈现面的重视，我们打造出图5.34中的触觉鼠标和虚拟手/按钮组成的新型实验装置。下面我们分别讲解此装置的触觉鼠标部分和图像呈现部分。

图5.34　触觉鼠标和虚拟手

首先，本触觉鼠标上搭载了分布压觉呈现装置、小型压缩测力传感器和振动陀螺仪。其中分布压觉呈现装置含4×12个探针，为了食指、中指和无名指三根手指能够轻松放置，我们采用探针排列为4×16的点显器（SC-9，KGS社），增大了呈现面的面积。这种点显器只能控制探针是否突起的ON/OFF状态，所以我们通过改变180V的电压来任意设定探针在0～1mm之间的突起方式。

为了测量被实验者按压呈现面时的压力，分布压觉呈现装置的底部设有小型压缩测力传感器（LMA-A-5N，共和电业社）。

触觉鼠标的控制原理如图5.35所示。探针的ON/OFF数据能够决定触觉显示器呈现的图案，将数据通过DIO板发送给内置在点显器中的控制器，4×16个数据发送完毕后发送STROBE信号，这时图案更新。用模拟信号调整压电致动器的供电电源的电压输出，从而调整探针的突起方式。测力传感器和振动陀螺仪的输出分别通过应变放大器和外接板发送至A/D转换器，存入计算机。

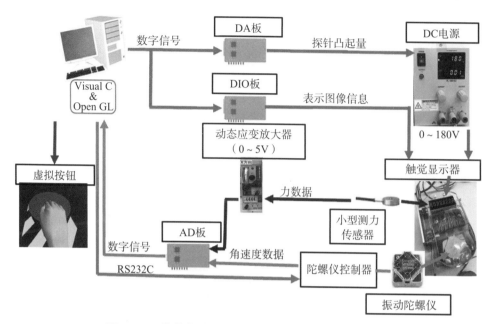

图5.35　搭载假性力触觉的触觉鼠标的控制系统

接下来探讨诱发假性力触觉的虚拟手/按钮。模仿被实验者的手而制成的3D虚拟手和按钮如图5.36所示。为了明确二者的位置关系，图5.36与图5.34分别从不同角度进行了展示。虚拟鼠标的呈现面显示在按钮之上，以明确展示触觉鼠标的呈现面和虚拟手的位置关系。

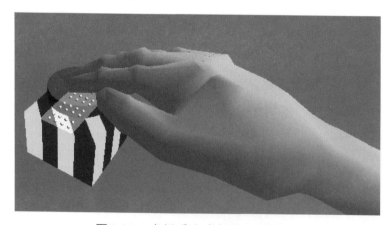

图5.36　虚拟手和虚拟按钮的关系

被实验者将三根手指放在触觉鼠标的触觉呈现面上并按下，这时小型测力传感器会测量压缩力。程序会根据压力值的大小使压缩力和手/按钮的运动联动，仿佛液晶显示器中的虚拟手和按钮被按下。按钮的上下运动行程设定为6.0cm。变动1N对应的按钮的下降量，就可以通过假性力触觉改变虚拟柔度c（cm/N），即按钮的柔软程度。此外，被实验者将按钮按下至最大行程时会听到提示音。

笔者等人使用本触觉鼠标进行了虚拟按钮的硬度识别实验[125]。点显器和假性力触觉在单独刺激下可以单独呈现的层次数分别是2层和4~5层。但是触觉和假性力触觉的组合呈现可以达到6~7层。结果表明，即使触觉显示器的致动器的硬度呈现功能不足，也可以通过视觉刺激的辅助来增强表现能力。微致动器的研究仍在发展，但致动器的功能尚不足以用于触觉显示器。而近年来VR领域对触觉显示器的要求日渐增高，已经等不及理想触觉显示器的出现。现阶段的微致动器也可以组合使用这种方法用于触觉显示器，并提供可实用的触觉显示器。待将来出现高性能微致动器时，这种方法也有望进一步强化呈现能力。

5.3.4 天鹅绒错触与光滑呈现

5.3.1节最后介绍了VHI，这种错触现象不同于其他错觉，能够打造光滑表面，性质特殊，本节将对目前为止的研究中得出的性质进行总结。

两手夹住网眼较大的钢网或两根以上钢线并摩擦，两手之间会出现光滑柔软的触感。摩擦两根钢线比摩擦钢网的错觉更强烈，而且一根钢线上不会出现错觉现象。以线间距D和行程r为两根钢线的参数，研究组合变换这些数值对错觉强度的影响。结果表明，下述条件下无量纲量r/D和错觉强度之间有线性关系[126, 127]：

$$r/D < \alpha \tag{5.2}$$

其中，α取决于实验装置和接受刺激的部位，值略有出入。目前的研究值为1~1.25。

天鹅绒错触的魅力在于两根钢线之间没有任何物体存在，却能给人光滑柔软的触感，实现了无中生有。通常光滑的手感能令人身心愉悦，这种错触可以说是从虚无中生出了愉悦。但是并非10个人中有10个人都心感愉悦，也有人表示感到不快。这也许是因为从无到有的光滑感过于超乎意外。

在最近实施的FMRI调查中，详细调查了这种错觉的机制，证明其与第一躯体感觉区的活动有关[128]。同时证实了第一躯体感觉区、头顶岛盖部和岛部之间有功能上的融合。这些部位与信息的融合有关，表明天鹅绒错触不是单纯的知觉错觉。

天鹅绒错触是在手掌上有压力的情况下两根线往返运动产生的现象，所以搭载在手掌呈现型触觉鼠标上的点阵显示屏如果生成两根往返运动的线，也会使人产生错觉[129]。这时使两根线往返运动的方法如图5.37所示。用此装置调查两根

直线的移动距离 r 和线间距 D 决定的无量纲数 r/D 和 VHI 的生成条件，结果表明上文中的式（5.2）能够表示 r/D 和 VHI 强度之间成正比的范围。

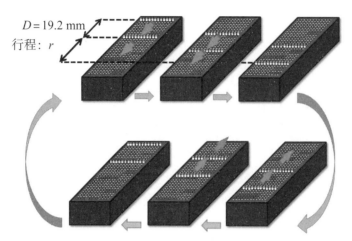

$D = 19.2$ mm

行程：r

图5.37　点阵显示屏上两根线的运动

但是施加刺激的部位不同，α 的值也有较大区别，拇指球约为1.5，如果增大呈现面积，刺激整个手掌，则数值约变为0.5。点阵显示屏通过点的上下运动对皮肤施加刺激，所以线的移动距离增大后可能会产生噪声干扰。

虽然点阵显示屏原本是用于展示凹凸感的显示器，但却能够通过控制致动器群的运动呈现光滑触感，这一点十分有趣。两根线往返运动能够生成光滑触感，可以说活动能够引发令人愉悦的光滑感受。

5.4　未来应用拓展

5.4.1　informotion

从范围更广的传感器/致动器系统观点探讨本书中的触觉传感器和触屏的未来应用拓展才有助于预判更多应用场景。我们有必要对生物加以探讨，它是真实存在的传感器/致动器系统。

生物以人类为首，拥有数百万个感觉细胞和数百块骨间肌，在环境中运动时通过感觉器官获取环境信息。图5.38以昆虫为例，对这种情况进行了说明。昆虫通过多种感觉器官获取生存所需的信息，即感知天敌和食物的存在。天敌进行捕食行为，昆虫采取躲藏行为，二者的位置关系始终在变化。而捕捉到食物时，食物的形状也在不断变化。环境随活动的结果而变化，活动也必须随之改变。

含有多个传感器的 IoT（internet of things）网络中也有相同的情况。大多数

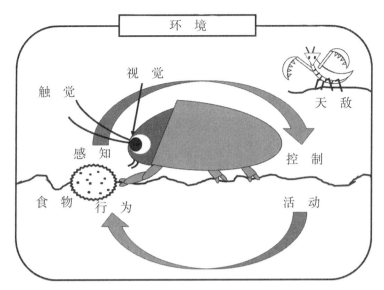

环　境

触觉

视觉

天　敌

感　知

控　制

食物

行　为

活　动

图5.38　感知和活动的循环对环境的影响

情况下，IoT不会预测自身的移动，它专注于通过大数据解析获得传感器收集的数据并加以活用。当然，IoT也包括家电和智能音箱等输出设备。但它尚不能像生物体一样运动并改变环境。虽然无法改变环境，但是单靠行走就会改变对环境的认知，因此活动会改变生物体随后获得的信息。如果能进一步手持物体运动或捏碎物体，环境就会发生更丰富的变化。

世界上有多种多样的传感器和致动器，其中触觉传感器和触屏是最得益于这种informotion理念的产物。这是因为触觉感知本身必然伴随着环境的变化。陶艺制作就是根据手上的触觉对力的大小进行微调，从而控制陶器的厚度；按摩则是在对力的不断调节中寻找穴位等，例子不胜枚举。

近年来，计算机和信息技术得到了长足的发展，世界也日新月异[130]。网络的使用方式也因此发生了变化，网络不仅能够处理信息，还能将事物相互联系。初期有智能尘计划，它在1990年将小型传感器芯片"智能尘"用于获取军事情报和环境监控。这就是传感器网络（sensor network，SN）的开始[131]。SN结合IEEE ZigBee等既有规格，进一步升级了小型处理器。随着近年来深层学习和大数据分析的热潮，IoT和CPS（cyber physical systems）等物联网受到越来越广泛的关注[132]。

上述IoT和CPS需要连接致动器，但并未深入探讨致动器的种类。这是由于网络主要用于处理信息，因此以收集信息的传感器为主，致动器为辅。

世界上已研发出各种各样的致动器。它们的原理和特性各不相同，所以不同的致动器通过活动并在对象上发生作用而得到的数据也千差万别。IoT和CPS的核心是传感器，但如果将致动器作为核心，似乎可以打造出不同于以往的网络。

因此，矢野和大冈将information和motion二词合为一体，打造出了一个新词informotion，从学术拓展到实际应用进行了探讨[133～135]。如上文所述，经过漫长的进化过程，包括人类在内的生命体学会了感知环境，并反过来作用于环境，使环境适应自己。模仿生物体、通过IoT和CPS以致动器为中心的网络被称为INS（information network system），活用生物体中的控制原理应该有助于控制INS。结果如图5.39所示，为了控制INS等复杂的大规模系统，HARNESS、集体智慧、自我组织化、人工生命、TL（tacit learning）等理论都得到了学术界的认可。下面简单概述这些理论的应用。

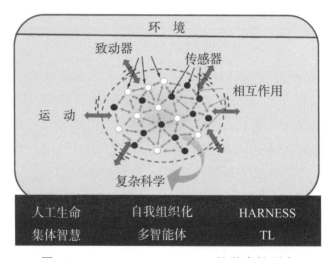

图5.39 informotion network的学术性研究

首先来介绍HARNESS，它是将复杂的集体作为整体向目标方向进行控制的方法[136]，INS扩大规模为超多自由度时就需要考虑这种控制方法。将整体引向目标方向的HARNESS思路虽然不完善，但这种控制能够满足大多数。就像将羊群赶到目标方向的牧羊犬，估算网络行为，从中找到适宜的控制方法。

集体智慧对上述现象有效。也就是说，集体智慧中，昆虫和鸟的集体的各种行为可以通过若干规则进行描述。如果此事实也适用于INS，则每个致动器的行为可以通过有限个规则进行描述。因此即使致动器的数量大幅上升，INS复杂化，也能够通过模拟找到HARNESS。

不仅如此，具有复杂行为的INS可以在某种条件下相变并自我组织化，进行二次分组。自我组织化有助于明确每个二次分组接受的任务。因此INS将成为复杂科学的新的研究对象[136]。

人工生命可用于探讨计算机内模型化INS的进化情况。也就是说，设计的INS可以模拟进化和适应环境的情况。这样也有助于阐明上文中的功能分化。不仅如此，人工生命也用于阐明心理生成，因此本方法有望被用于本书中的致动器对感情变化的解析[137]。

TL的原理是通过行动将环境信息存入人工神经网络，对环境输入产生反射行为，通过人工神经网络内的各单元的自律活动来改变反射的强弱，学习适应环境的行为[139]。而且由于可以控制多块肌肉的协同效应，人们提出了TL组合的阶层结构模型，成功使含若干个致动器的机器人行走。因此TL有望提供INS用于适应环境的学习标准。

除上述介绍的内容之外，INS还能够同时应用于多个复杂理论，有望由此发展为真实系统。

5.4.2　情绪控制

上一节探讨了学习生物体的INS。但是常见的致动器系统只能用于向对象和环境施加力学作用的情绪控制，向生物体学习的知识仅限于此未免过于可惜。INS模拟人类，以能够享受幸福的系统为最终目标，因此人类的最终感受必然是研究课题，而且应以届时感受和心理变化的控制为落脚点。INS的情绪控制如图5.40所示。通过多种多样的传感器和致动器作用于人，从而获得舒适、鼓舞和自信。

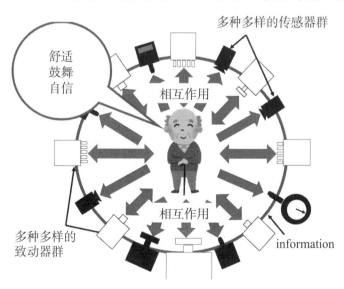

图5.40　informotion network的情绪控制

要实现上述系统，人的心理/生理学研究也十分重要。尤其是5.3节介绍的错觉，无论是什么输入刺激，错觉是通过感觉原理表现出来的，在控制感觉上是极为重要的现象。用多个致动器的集合体和错觉可以控制感觉吗？ 5.3.2节介绍过运动错觉和橡胶手错觉，5.3.3节介绍过假性力触觉，5.3.4节介绍过天鹅绒错触等错觉现象的应用，并介绍了成功利用这些错觉在静止状态下感觉到手部运动、控制光滑感、控制触摸物体的软硬感等事例。

因此，在上述原理中加入INS，就有可能通过实际感受手脚的运动重获自信，或控制心理上的愉悦，如图5.40所示。例如，享受按摩后心情愉悦，能够获得幸福感；受到击打就会心生怒火。因此INS有可能控制情绪。对INS的探讨有利于IoT的发展，今后必定大有可为。

5.4.3　触觉的格式塔（Gestalt）

在探讨触觉的错觉时，在5.4.1节中介绍的各种理论基础上可以加入更加适合的理论。触觉的错觉是在多种刺激的组合下产生的，因此更加适合通过综合因素进行融合化的格式塔理论。

我们首先来说明格式塔的思路。格式塔理论不体现在单个元素上，格式塔只能在对各种元素进行融合化后感知[140～142]。例如，图5.41(a)中的图形被称为Kanizsa三角[143]。中间有一个白色大三角形，实际并不存在的轮廓线叫作主观轮廓线。在图5.41(a)中可以看出主观轮廓线。图5.41(b)～(d)展示了组成图5.41(a)图形的单个元素，从这些单个元素中则无法感知图5.41(a)中的主观轮廓线。

（a）Kanizsa三角中的主观轮廓线

（b）元素A　　　（c）元素B　　　（d）元素C

图5.41　Kanizsa三角中的格式塔

格式塔理论在视觉和听觉上得到了很好的发展，我们能够感受到绘画和音乐的魅力也要归功于格式塔。很久以前的调查中显示，格式塔产生的必要原因是普雷格朗茨原则（principle of Pragnanz）[140]。格式塔出现的代表原因示例如图5.42所示。图5.42(a)是接近法则，距离相近的元素会被感知为同一群体，群体化的强度与间距有关。图5.42(b)是相似法则，同形状、同色、同性质的元素会被群体化。图5.42(c)是闭合法则，被封闭在同一范围内的元素会被认为是同一群体。图5.42(d)是共同命运法则，同方向或反方向运动的元素会被认为是同一群体。

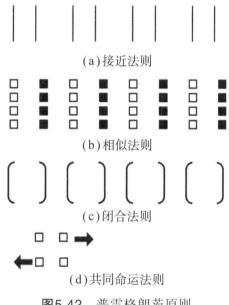

(a)接近法则

(b)相似法则

(c)闭合法则

(d)共同命运法则

图5.42　普雷格朗茨原则

5.3.4节中介绍的天鹅绒错触适用于上述格式塔。天鹅绒错触不会发生在单线上，而会通过两根以上的元素融合化产生，所以天鹅绒错触适用于上述格式塔理论。

关于触觉格式塔，曾有报告表明，通过凸出图形制作图5.41中的Kanizsa三角，人在触摸后会感知到凹陷的主观轮廓线[144]，出现概率为40%，不算显著。但是天鹅绒错触的产生概率约为100%，对格式塔研究来说是很重要的素材。

笔者等人根据格式塔理论将天鹅绒错触进行定式化，以求通过天鹅绒错触实现情绪控制[145]。上述讨论表明天鹅绒错触的产生与普雷格朗茨原则中的闭合法则及共同命运法则有关。后续研究表明将闭合法则和共同命运法则变形为平移法则和伸缩法则更易于表现产生的天鹅绒错触的强度[146]。今后，为了确立致动器群的控制标准，我们需要进一步研究格式塔和触觉的关系。

5.4.4　人和机器人的触觉融合

最后我们来探讨人和机器人的触觉融合的方法。如第2章所述，触觉有一种特性，能够主动移动感受器以获得分布信息。由此可知，同听觉一样，时间信息和分布信息同样重要。可以说，触觉特性类似于享受音乐的听觉特性。按摩的例子简单易懂：要达到按摩的效果不仅要恰到好处地刺激穴位，同时还要满足令人舒适的节奏。

为了同时处理分布信息和时间数列信息，铃木根据音乐的乐谱提出了触谱这一新的方式[147]。触谱的说明如图5.43所示。用类似二分音符和四分音符等音符组合来表示接触节奏。压力强度符合手指按压的状态，五线谱上越偏下表明压力越强。铃木制作触谱的目的是为了记录按摩技术并传达给别人，因此标记出了手指和面部的位置。

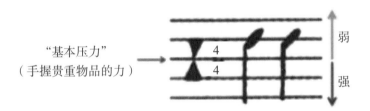

图5.43　触谱的说明

图5.44列举了具有代表性的技术记录的触谱片段。

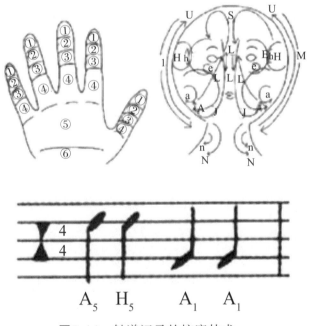

图5.44　触谱记录的按摩技术

用声音信号类比，这种触谱的优点在于并非单纯录音并播放，而是乐谱化记录。不是播放，而是重新演奏，这样必然能够始终保持新鲜的触觉输出。而且将乐谱以触谱的形式重新播放，就可以通过触觉享受音乐；将文学作品转换为触谱，就可以通过触觉感受文学作品的乐趣。

曾经有研究着眼于触觉和听觉的相似性，试图使触觉成为听力障碍患者专用的代替感觉机器，将声音数据转换为触觉可感知的频率并输出，但最终以失败告终[148]。其后采用了触探音码器，在频率解析后显示为频谱，再用触觉读取声音，获得了成功[149]。成功的关键在于并非直接处理原始数据，而是经过一次抽象化处理。触谱类似于这种触探音码器的成功例，抽象化为谱面并播放记录，是一种优秀的作业记录方式。

随着触谱研究的进步，如果能成功将陶艺家的手艺和妙手回春的医术等触谱化，则必定有助于缺乏接班人的领域的技术记录重现。希望本书介绍的传感器和触觉显示器技术能在上述领域中充分发挥作用。

参考文献

［ 1 ］ Fox, S. I.. Human Physiology (7th Edition). McGraw-Hill, 2002, pp. 240-246.

［ 2 ］ 内川恵二. 聴覚・触覚・前庭感覚. 朝倉書店, 2008, pp. 102-103.

［ 3 ］ 岩村吉晃. タッチ. 医学書院, 2001, pp. 25-27.

［ 4 ］ 前野隆司, 小林一三, 山崎信寿. ヒト指腹部構造と触覚受容器位置の力学的関係. 日本機械学会論文集 (C編). (1997: pp. 881-888.

［ 5 ］ M. Shimojo. Mechanical filtering effect of elastic cover for tactile sensor. IEEE Trans. on Robotics and Automation, 1997, 13(1): pp. 128-132.

［ 6 ］ G. A. Gescheider. Psychophysics: The fundamentals, third ed., Lawrence Erlbaum Associates, 1997, pp. 24-27.

［ 7 ］ L. D. Harmon. Automated tactile sensing, Int. J. Robotic Res., 1982, 1(2): pp. 3-32.

［ 8 ］ H. R. Nicholls and M. H. Lee. A survey of robot tactile sensing technology. Int. J. Robotic Res., 1989, 8(3): pp. 3-30.

［ 9 ］ M. H. Lee. Tactile sensing: new directions, new challenges. Int. J. Robotic Res., 1989, 19(7): pp. 636-30.

［ 10 ］ 江刺正喜. マイクロマシン. ㈱産業技術サービスセンター, 2002, pp. 663-669.

［ 11 ］ 三輪俊輔. 振動感覚特性とその計測. 日本音響学会誌, 1990, 46(2): pp. 141-149.

［ 12 ］ R. S. Johansson and Å. B. Vallbo. Tactile sensibility in the human hand: relative and absolute densities of four types of mechanoreceptive units in glabrous skin. The Journal of Physiology, 1979, 286(1): pp. 283– 300.

［ 13 ］ 仲谷正史, 川上直樹. 高密度ピンマトリクスを利用した触覚ディスプレイのピン径・ピン間隔と形状認識率の基礎検討. 日本バーチャルリアリティ学会論文誌, 2009. 14(3): pp. 395-398.

［ 14 ］ 大道武生, 樋口優, 大西献. 極限作業ロボットマニピュレータの設計法に関する研究(その2)–低拘束多本指マスタマニピュレータの設計法–. 日本ロボット学会誌, 1998, 16(7): pp. 942-950.

［ 15 ］ 嵯峨智, 出口光一郎. ダイラタント流体を利用した触覚ディスプレイの検討. 日本機械学会ロボティクス・メカトロニクス講演会講演概要集, 2009, 2P1-L04.

［ 16 ］ 富田誠介. 感圧導電ゴム・センサー. 高分子, 1986, 35(5): p. 475.

［ 17 ］ 石川正俊, 下条誠. 感圧導電性ゴムを用いた 2 次元分布荷重の中心の位置の測定法. 計測自動制御学会論文集, 1982, 18 (7): pp. 730-735.

［ 18 ］ 佐藤滋, 下条誠, 石川正俊. 対象物表面に設けた触覚センサによるフィードバック制御. 製品科学研究所研究報告, 1986, (105): pp. 15-23.

［ 19 ］ M. Shimojo and M. Ishikawa. Thin and flexible position sensor, J. Rob. Mech, 1990, 2(1): pp. 38-41.

［ 20 ］ D. M. Siegel, S. M. Steven. M. Drucker and I. Garabieta, Performance analysis of a tactile sensor. Proc. IEEE Int. Conf. on Robotics and Automation, 1987, 3: pp. 1493-1499.

［ 21 ］ S. Hackwood, G. Beni, L. A. Hornak, R. Wolf, and T. J. Nelson. Torquesensitive tactile array for robotics, Int. J. Robotics Res., 1983, 2(2): pp. 46-50.

［ 22 ］ E. Torres-Jara, I. Vasilescu and, R. Coral. A soft touch: compliant tactile sensors for sensitive manipulation, Technical report, CSAIL, Massachusetts Institute of Technology , 2006.

［ 23 ］ M. Tanaka, J. Leveque, H. Tagami, K. Kikuchi and S. Chonan. Development of a texture sensor emulating the tissue structure and perceptual mechanism of human fingers, Proc. IEEE International Conference on Robotics and Automation, 2005, pp. 2576-2581.

［ 24 ］ H. Chigusa, Y. Makino and H. Shinoda. Large area sensor skin based on two-dimensional signal transmission technology, Proc. World Haptics 2007, (2007), pp. 151-156.

［ 25 ］ 極限作業ロボット技術研究組合. 極限作業ロボット(原子力ロボット)の研究開発. 日本原子力学会誌, 1992, 34(12): pp. 1108- 1115.

［ 26 ］ 小林光男, 鷺沢忍, 篠倉恒樹. シリコンを構造材料とする 3 軸触覚センサ, 電子情報通信学会論文誌 C-II, 1991, J74-C-II(5): pp. 427- 433.

［ 27 ］ 谷泰弘. 切削加工の分野で使用されるロードセルについて, 生産研究, 1982, 34 (6): pp. 211-218.

［ 28 ］ R. S. Dahiya, A. Adami, L. Pinna, C. Collini, M. Valle and L. Lorenzelli. Tactile sensing chips with POSFET array and integrated interface electronics. IEEE Sensors Journal, 2014, 14(10): pp. 3448-3457.

［ 29 ］ K. Tanie, K. Komoriya, M. Kaneko, S. Tachi and A. Fujiwara, A hig. resolution tactile sensor array. Robot Sensors Vol. 2: Tactile and Non-Vision. Kempston. UK: IFS (Pubs), 1986, pp. 189-198.

［ 30 ］ H. Maekawa, K. Tanie, K. Komoriya, M. Kaneko, C. Horiguchi and T. Sugawara. Development of finger-shaped tactile sensor and its evaluation by active touch. Proc. of the 1992 IEEE Int. Conf. on Robotics and Automation, 1992, pp. 1327-1334.

［ 31 ］ K. Kamiyama, K Vlack, T. Mizota, H. Kajimoto, N. Kawakami and S. Tachi. Vision-based sensor for real-time measuring of surface traction fields. IEEE Computer Graphics and Applications, 2005, 25(1): pp. 68-75.

［ 32 ］ Y. Ito, Y. Kim, C. Nagai and G. Obinata. Contact state estimation b. vision-based tactile sensors for dexterous manipulation with robot hand. based on shape-sensing. International Journal Advanced Robotic Systems, 2011, 8(4): pp. 225-234.

［ 33 ］ Y. Ito, Y. Kim and G. Obinata. Robust slippage degree estimation based on reference update of vision-based tactile sensor. IEEE Sensors Journal, 2011, 11(9): pp. 2037-2047.

［ 34 ］ 牧野泰才, 前野隆司. ハプティック・インタフェース. 映像情報メディア学会誌, 2010, 64(4): pp. 502-504.

［ 35 ］ J. K. Salisbury and M. A. Srinivasan. Phantom-based haptic interaction with virtual objects. IEEE Computer Graphics and Application, 1997, September/ October: pp. 6-10.

［ 36 ］ 小川鑛一, 加藤了三. 初めて学ぶ基礎ロボット工学. 東京電機大学出版局, 1997, pp. 141-146.

［ 37 ］ S. Grange, F. Conti, P. Helmer, P. Rouiller and C. Baur. The delta haptic device. England:Eurohaptics, 2001.

［ 38 ］ 小菅一弘, 川俣裕行, 福田敏男, 小塚敏紀, 水野智夫. Stewar. Platform 型パラレルリンクマニピュレータの Forward Kinematics 計算アルゴリズム. 日本ロボット学会誌, 1993, 11(6): pp. 849. 855.

［ 39 ］ 武田行生. パラレルメカニズム. 精密学会誌, 2005, 71(11). pp. 1363-1368.

［ 40 ］ 立矢宏. パラレルメカニズム. 森北出版, 2019: pp. 23-30.

［ 41 ］ 池田潔. パラレルメカニズムを利用した力覚フィードバック装置. 日本ロボット学会誌, 2012, 30(2): pp. 168-169.

［ 42 ］ H. Iwata, H. Yano, F. Nakaizumi and R. Kawamura. Project FEELEX. Adding haptic surface to graphics. Proceeding of SIGGRAPH2001, pp. 464-476.

［ 43 ］ K. Suzumori and S. Wakimoto. Intelligent actuators for mechatronics with multi-degrees of freedom, Next-Generation Actuators Leading Breakthroughs. Springer-Verlag, 2010: pp 165-176.

［ 44 ］ M. Goto and K. Takemura. Tactile bump display using electro-rheological fluid. 2013 IEEE/RSJ International Conference on Intelligent Robots and Systems, 2013: pp. 4478-4483.

［ 45 ］ 渡辺哲也, 久米祐一郎, 伊福部達. 触覚マウスによる図形情報の識別, 映像情報メディア学会誌, 2000, 54(6): pp. 839-847.

［ 46 ］ M. Ohka, H. Koga, Y. Mouri, T. Sugiura, T. Miyaoka and Y. Mitsuya. Figure and texture presentation capabilities of a tactile mouse equipped with a display pad of stimulus pins. Robotica, 2007, 25(4): pp. 451-460.

［ 47 ］ K-U. Kyung and D-S. Kwon. Tactile displays with parallel mechanism, Parallel Manipulators, New Developments. Intech Open, 2008, DOI: 10. 5772/5382.

［ 48 ］ P. M. Ros, V. Dante, L. Mesin, E. Petetti, P. D. Giudice and E. Pasero. A new dynamic tactile display for reconfigurable Braille: Implementation and tests. Frontiers in Neuroengineering, 2014, DOI: 10. 3389/fneng. 2014. 00006.

［ 49 ］ P. M. Taylor, A. Moser and A. Creed. A sixty-four element tactile display using shape memory alloy wires. Displays 18, 1998: pp. 163-168.

［ 50 ］ F. Zhao, C. Jiang and H. Sawada, A novel Braille display using th. vibration of SMA wires and the evaluation of Braille presentations. Journal of Biomechanical Science and Engineering, 2012, 7(4): pp. 416-432.

［ 51 ］ T. Matsunaga, K. Totsu, M. Esashi and Y. Haga, Tactile display using shape memory alloy micro-coil actuator and magnetic latch mechanism. Displays, 2013, 34: pp. 89-94.

［ 52 ］ M. Shinohara, Y. Shimizu and A. Mochizuki, Three-dimensional tactile display for the blind, IEEE Transactions on Rehabilitation Engineering, 1998, 6(3): pp. 249-256.

［ 53 ］ C. R. Wagner, S. J. Lederman and R. D. Howe. Design and performance of a tactile shape display using RC servomotors. Haptic Interfaces for Virtual Environment and Teleoperator Systems. HAPTICS, 2002: pp. 1-6.

［54］ M. Nakashige, K. Hirota and M. Hirose. Linear actuator for high resolution tactile display. 13th IEEE International Workshop on Robot an. Human Interactive Communication, 2004: pp. 587-590.

［55］ J-S. Lee and S. Lucyszyn. Micromachined, A., Refreshable braille cell. Journal of Microelectromechanical Systems, 2005, 14(4): pp. 673- 682.

［56］ Y. Kato, T. Sekitani, M. Takamiya, M. Doi, K. Asaka, T. Sakurai and T. Someya. Sheet-type Braille displays by integrating organic field-effecttransistors and polymeric actuators. IEEE Transactions on Electron Devices, 2007, 54(2): pp. 202-209.

［57］ I-M. Koo, K. Jung, J-C. Koo, J-D. Nam, J-D., Y-K. Lee and H-R. Choi. Development of soft-actuator-based wearable tactile display. IEEE Transactions on Robotics, 2008, 24(3): pp. 549-558.

［58］ F-H. Yeh and S-H. Liang. Mechanism design of the flapper actuator in Chinese Braille display. Sensors and Actuators, 2007, A 135: pp. 680-689.

［59］ X. Wu, S-H. Kim, H. Zhu, C-H. Ji and M. G. Allen. A Refreshable Braille cell based on pneumatic microbubble actuators , Journal of Microelectromechanical Systems, 2012, 21(4): pp. 908-916.

［60］ N. Torrasa, K. E. Zinoviev, C. J. Camargo, E. M. Campo, H. Campanella, J. Esteve, J. E. Marshall, E. M. Terentjev, M. Omastová, I. Krupa, P. Teplicky, B. Mamojka, P. Bruns, B. Roeder, M. Vallribera, R. Malet, S. Zuffanelli, V. Soler, J. Roig, N. Walker, D. Wenn, F. Vossen and F. M. H. Crompvoets. Tactile device based on opto-mechanical actuation of liquid crystal elastomers, Sensors and Actuators, 2014, A 208: pp. 104-112.

［61］ 樋口俊郎, 大岡昌博. アクチュエータ研究の最前線. エヌ. ティー・エス, 2011.

［62］ 梶本裕之, 川上直樹, 前田太郎, 舘暲. 皮膚感覚神経を選択的に刺激する電気触覚ディスプレイ. 電子情報通信学会誌, 2001, j84-D-II: pp. 120-128.

［63］ 大岡昌博. 触覚の錯覚. 狙いどおりの触覚・触感をつくる技術. サイエンス＆テクノロジー, 2017: pp. 48-62.

［64］ 田辺健, 矢野博明, 岩田洋夫. 非対称振動の周波数成分に対応した牽引力錯覚の知覚特性. 第 23 回日本バーチャルリアリティ学会大会論文集, 2018: 31A-3.

［65］ Y. C. Fung. 個体の力学 / 理論. 培風館. 1970: pp. 62-64.

［66］ Shinoda H., Morimoto N. and Ando S. . Tactile sensing usin. tensor cell. 1995 IEEE International Conference on Robotics and Automation, 1995: pp. 825-830.

［67］ 大岡昌博, 三矢保永, 竹内修一, 亀川修. 有限要素法による接触変形解析に基づく光導波形三軸触覚センサの設計. 日本機械学会論文集C編, 1995, 61(585): pp. 1949 -1955.

［68］ 大岡昌博, 三矢保永, 竹内修一, 亀川修. 光導波形三軸触覚センサシステムの試作. 日本機械学会論文集C編, 1996, 62(598): pp. 2250-2256.

［69］ M. Ohka, T. Kawamura, T. Itahashi, T. Miyaoka and Y. Mitsuya. A tactile recognition system mimicking human mechanism for recognizing surface roughness. JSME International Journal, 2005, 48(2): pp. 278-285.

［70］ M. Ohka, J. Takayanagi, T. Kawamura and Y. Mitsuya, A surface-shape recognition system mimicking human mechanism for tactile sensation. Robotica, 2006, 24: pp. 595-602.

［71］ M. Ohka, H. Kobayashi, J. Takata and Y. Mitsuya, An experimental optical three-axis tactile sensor featured with hemispherical surface. Journal of Advanced Mechanical Design, Systems, and Manufacturing, 2008, 2(5): pp. 860-873.

［72］ M. Ohka, J. Takata, H. Kobayashi, H. Suzuki, N. Morisawa and H. B. Yussof. Object exploration and manipulation using a robotic finger equipped with an optical three-axis tactile sensor, Robotics, 2009, 27: pp. 763-770.

［73］ M. Ohka, Y. Mitsuya, I. Higashioka and H. Kabeshita. An experimental optical three-axis tactile sensor for micro-robots, Robotica, 2004, 23(4): pp. 457-465.

［74］ M. Ohka, T. Matsunaga, Y. Nojima, D. Noda and T. Hattori. Basi. experiments of three-axis tactile sensor using optical flow. 2012 IEEE International Conference on Robotics and Automation, 2012: pp. 1404. 1409.

［75］ T. Kawashima and Y. Aoki. An optical tactile sensor using the CT reconstruction method, Electronics and Communications in Japan, Part 2, 1987, 70(10): pp. 1536-1543.

［76］ M. Ohka, Y. Sawamoto and N. Zhu. Simulation of an optical tactile sensor based on computer tomography. Journal of Advanced Mechanical Design, Systems and Manufacturing, 2007, 1(3): pp. 378-386.

参考文献

［77］ Y. Sawamoto, M. Ohka and N. Zhu. Sensing characteristics of a. experimental CT tactile sensor. Journal of Advanced Mechanical Design, Systems and Manufacturing, 2008, 2(3): pp. 454-462.

［78］ 中原一郎, 渋谷寿一, 上田栄一郎, 笠野英秋, 辻知章, 井上裕嗣. 弾性学ハンドブック. 朝倉書店, 2001: pp. 188-189.

［79］ 大岡昌博, 三矢保永, 竹内修一, 亀川修. 有限要素法による接触変形解析に基づく光導波形三軸触覚センサの設計, 日本機械学会論文集(C編), 1995, 61(585): pp. 1949-1955.

［80］ M. Ohka, I. Higashioka, Y. Mitsuya. A micro optical three-axis tactile sensor (validation of sensing principle using models). Advances Information Storage Systems. World scientific publishing, 1999, 10: pp. 313-325.

［81］ J. Halling. Principles of tribology. London: Macmillan Press, 1975: pp. 61-65.

［82］ 野村由司彦. 図解 情報処理入門. 三ツ星出版, 2008: pp. 83-93.

［83］ A. Takagi, Y. Yamamoto, M. Ohka, H. Yussof and S. C. Abdullah. Sensitivity-Enhancing All-in-type Optical Three-axis Tactile Sensor Mounted on Articulated Robotic Fingers. Procedia Computer Science, 2015, 76: pp. 95-100.

［84］ M. Ohka, R. Nomura, H. Yussof and, N. I. Zahari, Development of human-finger-sized three-axis tactile sensor based on image data processing, , 2015 9th International Conference on Sensing Technology, 2015: pp. 212-216.

［85］ S. Tsuboi and M. Ohka. Flexible active touch using 2. 5D displa. generating tactile and force sensations. ICIC Express Letters, 2012, 6(12): pp. 2995-3000.

［86］ S. Tsuboi, M. Ohka, H. Yussof, A. K. Makhtar and S. N. Bashir. Object handling precision using mouse-like haptic display generating tactile and force sensation. International Journal on Smart Sensing and Intelligent Systems, 2013, 6(3): pp. 810-832.

［87］ 松井信行. アクチュエータ入門. オーム社, 2000.

［88］ アクチュエータ技術企画委員会. アクチュエータ工学. 養賢堂, 2004: pp. 21-30.

［89］ 岡崎清. セラミック誘電体工学(強誘電体物理学演習補足)-第4版-. 学献社, 1992: pp. 319-330.

［90］ 大橋義男. 材料力学. 培風館, 1976: pp. 184-185, 346.

［91］ 大岡昌博, 古谷克司. 第2章圧電アクチュエータ. アクチュエータ研究開発の最前線, 2011, NTS: pp. 29-38.

［92］ M. Ohka, K. Esumi and Y. Sawamoto. Two-axial piezoelectric actuator controller using multi-layer artificial neural network featuring feedback connection for tactile displays. Advanced Robotics , 2012, 26 (3-4)2012: pp. 219-232.

［93］ 大岡昌博, 毛利行宏, 杉浦徳宏, 三矢保永, 古賀浩嗣. 分布圧覚ディスプレイ装置による仮想形状呈示. 日本機械学会論文集(C編), 2003, 69 (682): pp. 1719-1726.

［94］ 大岡昌博, 古賀浩嗣, 宮岡徹, 三矢保永. 高密度ピンアレイ形触覚マウスによる格子状仮想テクスチャ呈示(第1報: 高密度ピンアレイ形触覚マウスの試作と性能評価実験法の確立), 日本機械学会論文集(C編), 2005, 71(711): pp. 3174-3180.

［95］ 大岡昌博, 古賀浩嗣, 宮岡徹, 三矢保永. 高密度ピンアレイ形触覚マウスによる格子状仮想テクスチャ呈示(第2報: 触知ピン間隔, テクスチャ密度および畝高さの検討), 日本機械学会論文集(C編), 2006, 72 (715): pp. 865-871.

［96］ 大岡昌博, 加藤圭太郎, 藤原健洋, 三矢保永. 圧覚と力覚の複合ディスプレイ装置の試作. 電気学会論文誌E, 2006, 126(4): pp. 150-157.

［97］ M. Ohka, K. Kato, T. Fujiwara, Y. Mitsuya and T. Miyaoka. Presentation capability of compound displays for pressure and force. Journal of Advanced Mechanical Design, Systems, and Manufacturing, 2008, 2 (1): pp. 24-36.

［98］ Y. Zhou, X-H. Yin and M. Ohka. Evaluation of pressure-slippage generating tactile mouse using edge presentation. Journal of Compute. Science, 2011, 7(10): pp. 1448-1457.

［99］ Y. Zhou, X-H. Yin and M. Ohka. Virtual figure presentation usin. pressure-slippage-generation tactile mouse. International Journal on Smart Sensing and Intelligent Systems, 2011, 4(3): pp. 454-466.

［100］ 坂巻克己, 塚本一之, 岡村浩一郎, 内田剛, 小勝ゆかり. 2次元リニア・アクチュエータを用いた触覚呈示システム. ヒューマン・インターフェイス学会研究報告集, 1999, 1(5): pp. 83-86.

154

［101］ H. Komura and M. Ohka. Edge angle perception precision of active and passive touches for haptic VR using dot-matrix display, Bulletin of the JSME. Journal of Advanced Mechanical Design, Systems and Manufacturing, 2019, 13(3): pp. 1-1.

［102］ H. Yussof, J. Wada and M. Ohka. Sensorization of robotic hand using optical three-Axis tactile sensor: evaluation with grasping and twisting motions. Journal of Computer Science, 2010, 6(8): pp. 955-962.

［103］ M. Ohka, N. Morisawa, H. Suzuki, J. Takada, H. Kobayashi and H. Yussof. A robotic finger equipped with an optical three-axis tactile sensor. Proc. of IEEE Inter. Conf. on Robotic and Automation, 2008: pp. 3425-3430.

［104］ J. J. Gibson. The ecological approach to visual perception. Houghton Mifflin Company, 1979.

［105］ M. Ohka, N. Hoshikawa, J. Wada and H. B. Yussof. Two methodologies toward artificial tactile affordance system in robotics. International Journal on Smart Sensing and Intelligent Systems, 2010, 3(3): pp. 466-487.

［106］ M. Ohka, S. C. Abdullah, J. Wada and H. B. Yussof. Two-hand-arm manipulation based on tri-axial tactile data. International Journal of Social Robotics, 2012, 4(Issue 1): 97-105.

［107］ K. Sugiman, M. A. M. Jusoh, M. Ohka, H. Yussof and S. C. Abdullah. Thin flexible sheet handling using robotic hand equipped with three-axis tactile sensors. Procedia Computer Science, 2015, 76: pp. 155-160.

［108］ Kenji Sugiman, Masahiro Ohka and Mohammad Azzeim Bin Mat Jusoh. A basic paper handling task experiment using tri-axial tactile data. Procedia Computer Science, 2017, 105: pp. 270-275.

［109］ M. M. Taylor, S. J. Lederman and R. H. Gibson, Tactual perception of texture. Handbook of Perception, 1973: pp. 251-272.

［110］ 岩村吉晃. タッチ. 医学書院, 2001: pp. 149-152.

［111］ V. Hayward. A brief taxonomy of tactile illusion and demonstrations that can be done in a hardware store. Brain Research Bull, 2008, 2008, 75(6): pp. 742-752.

［112］ 仲谷正史, 梶本裕之, 川上直樹, 舘暲. Fishbone Tactile Illusion を通した凹凸知覚の研究. 日本バーチャルリアリティ学会10回大会論文集, 2005, pp. 201-204.

［113］ M. Botvinick and J. Cohen. Rubber hand 'feel' touch that eyes see. Nature, 1998, 391: p. 756.

［114］ 手塚康貴, 松尾篤. 脳卒中片麻痺患者に対するミラーセラピー. 理学療法, 2005, 22: 871-879.

［115］ M. Miyazaki, M. Hirashima and D. Nozaki. The cutaneous rabitt hopping out of the body. Journal of Neuroscience, 2010, 30(5): pp. 1856. 1860.

［116］ H. Mochiyama, A. Sano, N. Takasue, R. Kikuue, K. Fujita, S. Fukuda, K. Marui and H. Fujimoto. Haptic illusion induced by moving line stimuli. Proc. of World Haptic Conference, 2005: pp. 645-648.

［117］ 本多正計, 唐川裕之, 赤堀晃一, 宮岡徹, 大岡昌博. 卓上型運動錯覚誘発・評価装置の開発. 日本機械学会論文集, 2014, 80(820): DOI https://doi. org/10. 1299/transjsme. 2014trans0350.

［118］ 本多正計, 唐川裕之, 赤堀晃一, 宮岡徹, 大岡昌博. 振動刺激条件の相違が運動錯覚の誘発と知覚量に及ぼす影響. 日本バーチャルリアリティ学会論文誌, 2014, 19(4): pp. 457-466.

［119］ R. Imai, M. Osumi and S. Morioka. Influence of illusory kinesthesia by vibratory tendon stimulation on acute pain after surgery for distal radius fractures: a quasi-randomized controlled study. Clinical Rehabilitation, 2015, DOI: 10. 1177/0269215515593610.

［120］ 加藤祐規, 本多正計, 宮岡徹, 大岡昌博. 手関節の3つの腱に生じる運動錯覚の鮮明さの相違. 第20回日本バーチャルリアリティ学会大会論文集, 2015: pp. 12-13.

［121］ 志村知輝, 小村啓, 本多正計, 大岡昌博. 運動錯覚とラバーハンドイリュージョンの複合効果の促進法, 第23年回日本バーチャルリアリティ学会大会論文集, 2018: 11A-5.

［122］ A. Lécuyer, S. Coqillart, A. Kheddar, P. Richard and P. Coiffet, Pseudohaptic feedback: can isometric input devices simulate force feedback? Proc. of Virtual Reality Conference, 2000: pp. 83-90.

［123］ F. Argelaguet, D. A. G. Jáuregui, M. Marchal and A. Lécuyer. Elastic images: perceiving local elasticity of images through a novel pseudo-haptic deformation effect. ACM Transactions on Applied Perception, 2013, 10(3): https://dl. acm. org/doi/10. 1145/250159.

［124］ S. Tsuboi and M. Ohka. A basic study of hardness cognition combining pseudo-haptics and distributed pressure display. ICIC Express Letters, 2014, 8(1): pp. 103-108.

［125］ 横山綾亮, 小村啓, 坪井諭之, 大岡昌博. Pseudo-haptics と触覚刺激の複合提示による硬さ表現能力の向上, 日本機械学会論文集, 2018, 84(868): pp. 1-8.

［126］ N. Rajaei, Y. Kawabe, M. Ohka, T. Miyaoka, A. Chami and H. Yussof. Psychophysical experiments on velvet hand illusion toward presenting virtual feeling of material. International Journal Social Robot, 2012, 4: pp. 77-84.

［127］ N. Rajaei, M. Ohka, T. Miyaoka, H. Yussof, A. K. Makhtar and S. N. Basir. Investigation of VHI affected by the density of mechanoreceptive units for virtual sensation, International Journal on Smart Sensing Intelligent Systems, 2013, 6(4): pp. 1516-1532.

［128］ N. Rjaei, N. Aoki, HK. Takahashi, T. Miyaoka, T. Kochiyama, M. Ohka, N. Sadato and R. Kitada. Brain networks underlying conscious tactile perception of textures as revealed using the velvet hand illusion. Human Brain Mapping, 2018, 39(Issue12): pp. 4787-4801.

［129］ N. Rajaei and M. Ohka, H. Nomura, H. Komura, S. Matsushita and T. Miyaoka. A tactile mouse generating velvet hand illusion to the human palm. International Journal of Advanced Robotic Systems, 2016, 13(5): 1-10.

［130］ R. Kurzweil. The singularity is Near: When humans transcend biology. Viking Adult, 2005: pp. 203-226.

［131］ I. F. Akyildiz and M. C. Vuran. Wireless sensor networks. Wiley, 2010: pp. 17-18.

［132］ 岩野和生, 高島洋典. サイバーフィジカルシステムと IoT (モノのインターネット). 情報管理, 2015, 57(11): pp. 826-834.

［133］ 矢野智昭, 大岡昌博. インフォメーション工学の提案(ビッグデータとアクチュエータの融合). 近畿大学次世代基盤技術研究所報告, 2015, 6: pp. 97-100.

［134］ 大岡昌博, 小村啓, 矢野智昭. インフォメーションとトライボロジー-トライボロジーを通じてアクチュエータ・センサネットワークが獲得する環境情報-. トライボロジスト, 2018, 63(9): pp. 580-585.

［135］ 大岡昌博, 小村啓. インフォメーション学と感情制御. 日. AEM学会誌, 2019, 27(4): pp. 383- 389.

［136］ Y. Suzuki. Harness the Nature for Computation. Natural Computing and Beyond. Proceedings in Information and Communications Technology, 2013, 6: 49-70.

［137］ 独立行政法人 産業技術総合研究所. 複雑現象工学-複雑系パラダイムの工学応用-. プレアデス出版, 2005: pp. 23-44.

［138］ 有田隆也. 心はプログラムできるか. サイエンスアイ新書, 2007: pp. 109-176.

［139］ S. Shimoda and H. Kimura. Biomimetic approach to Tacit Learning based on compound control. IEEE Transactions on Systems, Man, and Cybernetics – Part B, 2010, 40(1): pp. 77-90.

［140］ K. Koffka. Principles of Gestalt psychology, Routledge & KEGA. PAUL LTD, 1935.

［141］ W. Kohler。The task of Gestalt psychology, Princeton Legacy Libraly, 1969.

［142］ S. Handel. Listening: An introduction to the perception of auditory events. MIT PRESS, 1989.

［143］ G. カニッツア. カニッツア視覚の文法—ゲシュタルト知覚論. サイエンス社, 1985.

［144］ 和氣洋美, 和氣典二. 再び, 触覚にも主観的輪郭の効果はあるのか. 神奈川大学心理・教育論集, 1996, 15: pp. 27-61.

［145］ 小村啓, 大岡昌博. 滑らかさを惹起する触覚の Gestalt に関する基礎調査, 2019, 24(1): pp. 43-51.

［146］ H. Komura, T. Nakamura and M. Ohka. Formulation of tactile Gestalt to express varation in velvet hand illusion caused by out-of-phase cycles, Bulletin of the JSME. Journal of Advanced Mechanical Design, Systems and Manufacturing, 2020, 14, 6: DOI:10. 1299/jamdsm. 2020jamdsm0088.

［147］ 鈴木泰博. 触譜とインフォメーション—インフォメーションのための, 新しい触覚学, Tactileology の創成に向けて—. トライボロジスト, 2018, 63(9): pp. 593-598.

［148］ Gescheider. G. A. . Psychophysics: The Fundamentals, Third ed. . Lawrence Erlbaum Associates, 1997: pp. 24-27.

［149］ 伊福部達. 触知ボコーダにおける最大伝達情報. 医療電子と生体工学, 1979, 17(3): pp. 27-30.

跋

触觉与其他四种感觉不同，它会主动移动感觉器官并获取信息。触觉与手的灵巧程度密切相关，在提高机器人技术领域是一种不可或缺的感觉。在人们研究的VR空间中触觉也对提高VR的真实性十分重要。因此本书探讨了同样以"触觉"为关键词的触觉传感器和触觉显示器。

从连续体力学角度来说，触觉传感器要获得接触带来的物理现象需要遵守柯西（Cauchy）原理，要么获取表示表面的三轴力成分，要么获取表面之下的内力，也就是应力张量的6个成分。虽然也有关于后者的研究，但前者比后者更易于实现，因此笔者探讨了三轴触觉传感器。本书在前半部分讨论的就是三轴触觉传感器的设计方法。

而触觉显示器的性能取决于微致动器的优劣。与人的触觉感受器的分布密度相比，致动器的集成度不够大，现阶段很难实现触觉再现度较高的VR。当下最适合触屏的微致动器是双压电晶片型压电致动器，但我们仍然需要行程和发生力高出数倍的致动器。最本质的问题在于触觉显示器表面和目标虚拟物体表面的材质不同，至少目前尚没有技术能够规避此问题。

未来也许会出现能够任意改变质感的设备，也许直接向机械感受器施加电刺激的方法能够解决这一问题。然而无论哪种方法都面临不计其数的问题尚待解决，而且人们今后对VR技术的要求也会越来越高，对开发人员来说，这将是一条坎坷之路。

针对上述现状，笔者另辟蹊径，从错觉入手。这是本书后半部分的内容。但是这种方法也只能呈现光滑感和柔软感。当人们感受到呈现凹凸感的点阵显示屏表面的塑料感变为其他材质时，就不禁对其未来的发展充满期待。这就是不从正面出击的思路。

将触觉改头换面的研究中，我们想到是否能够进行情绪控制。从"爱不释手"、"摩挲赏鉴"等词语中可知，触觉能够令人安心。学生时代，老师教导我们"工学是一门圆梦的学问"，圆梦带给我们的必将是幸福和安心。既然如此，触觉研究的最终目标就应该是情绪控制。

　　本书最后介绍的"触谱"对实现这一目标极为重要。触谱是笔者所在的名古屋大学大学院信息学研究科复杂系科学专业复杂系计算论讲座的铃木泰博老师提出的。笔者在此向铃木老师表达深深的谢意。

　　与35年前，笔者着手研究触觉时相比，如今触觉研究者显著增加。这大概是由于世界上越来越多的人认识到触觉对机器人和人类都极其重要。然而现今能够获得或呈现的触觉仍旧依赖于设备，由于没有标准设备，研究者的见解各不相同，尚不存在统一的理论。因此这一命题值得越来越多的人去挑战，希望今后这一领域的发展会日益壮大。